U0165084

人生的跃迁

《了凡四训》精讲

齐善鸿 – 著

天地出版社 | TIANDI PRESS

图书在版编目（CIP）数据

人生的跃迁:《了凡四训》精讲/齐善鸿著 . —
成都：天地出版社，2024.7
ISBN 978-7-5455-8296-3

Ⅰ.①人… Ⅱ.①齐… Ⅲ.①《了凡四训》 Ⅳ.
①B823.1

中国国家版本馆CIP数据核字（2024）第062198号

RENSHENG DE YUEQIAN LIAOFAN SIXUN JINGJIANG

人生的跃迁:《了凡四训》精讲

出 品 人	陈小雨　杨　政
作　　者	齐善鸿
责任编辑	郭　明　林　凡
责任校对	曾孝莉
封面设计	今亮后声 HOPESOUND pankouyugu@163.com
责任印制	王学锋

出版发行　天地出版社
　　　　　（成都市锦江区三色路238号　邮政编码：610023）
　　　　　（北京市方庄芳群园3区3号　邮政编码：100078）
网　　址　http://www.tiandiph.com
电子邮箱　tianditg@163.com
经　　销　新华文轩出版传媒股份有限公司

印　　刷　北京文昌阁彩色印刷有限责任公司
版　　次　2024年7月第1版
印　　次　2024年7月第1次印刷
开　　本　710mm×1000mm　1/16
印　　张　20
字　　数　256千字
定　　价　78.00元
书　　号　ISBN 978-7-5455-8296-3

咨询电话：（028）86361282（总编室）
购书热线：（010）67693207（营销中心）

如有印装错误，请与本社联系调换

目
录

总论：对人生命运的基本认识

一、立命之学

二、改过之法

三、积善之方

四、谦德之效

学习《了凡四训》有感

中华文化源远流长，圣贤们的智慧思想如一颗颗璀璨的明星，在历史的天空中熠熠生辉。真正了解中国历史的人都知道，中国的先人们创造了无数的奇迹。在如今这个崇尚科学的时代，文化到底扮演着什么样的角色，发挥着什么样的作用，也是我们必须要搞清楚的。

为什么选择中华优秀传统文化？

在当今世界各个国家、各个民族的优势当中，若是让中国人选择一项最为自豪的优势，人们十有八九会选择中华优秀传统文化。也许有人会说："我国在科技等方面也有很多优势，为什么大家都选择传统文化呢？"

这是一个很有趣的问题，我需要从三个方面来陈述。

首先要说传统。说起"传统"一词，很多人将其理解为久远的历史性的时间概念。难道"传统"与"历史"可以画等号吗？若这两个词完全是同义的，那为何还要用两个词语呢？实际上，"传统"是一个民族在连续不断的实践中，循着探索真理的方向与路线，发现并不断充实着的一种真理的心流。正是这样的一种力量，代代传承，成为一个民族不断前行的基石。这就是"传统"一词的真义。明白了这一点，也就能更好地理解当今的中国为何倡导中华文化、为何能够重新崛起于世界。

接着说说文化。从狭义上来说，文化是指人类在实践中不断积累并提炼出的真理性的认知。这样的认知，会反过来成为指导人类实践活动的准则。从人类文明进化的角度来说，有没有接近真理的准则来指导实践，其结果是大相径庭的，行动的效率也会出现天壤之别。从广义上来说，文化就是人的心智模式、行动方向与效率以及所有实践成果的总和。从这个意义上来说，科技方面的成就在本质上也属于文化的成就。这不仅仅是一种归类的问题，简单地将科技归为文化，而是一种从文化本质到科技现象的逻辑路线问题。中华古圣先贤的智慧达到了一个历史的高峰，因为他们站在哲学的巅峰上，发现了世间万象的本质与规律。在中国几千年的历史中，几乎每一次中华文明的巅峰和低谷都与对这种哲学成果的践行质量有着直接的关系。

再来说说人类心智。毫无疑问，中华优秀传统文化的核心，就是为中国人的心智找到了一种顶级的智慧模式。粗略说来，这种模式包括相互影响、相辅相成的三个方面：一是"修己"，二是"格物"，三是"玄德"。用现代的语言来说，就是认识主体的自我优化与实践质量的不断深化，是指向真理大道的。"修己"，是对科学认识的主体进行自我优化与提升、指向真理大道和悟道得道的持续行动。"格物"，是依据一切物质的存在都是大道的显化这一基本认知的，所以就成了认识主体对外部事物进行验证的一个重要过程。有趣的是，针对"格物"所发展出来的法则，又会促进"修己"的进一步提升，二者联系之紧密，几乎到了随时相互映照的地步，以至于"格物"本身就要求"修己"到"心性空灵"而能够与万物合一，也就是与要认识的对象及其规律做到最大程度的契合。当"修己"与"格物"不断结出硕果时，若依然能够让自己超然事外，不会因为"修己"与"格物"的互动过程与阶段性的结果出现心灵的波动和扭曲，这就是"玄德"智慧了。到了这样的地步，人的心智也就具备了"玄之又玄"和"螺旋式上升"的智能化状态。

《了凡四训》何以被誉为"第一善书"？

《了凡四训》成书距今有400多年，它距离老子和孔子所处的文明巅峰年代，则有2000多年。《了凡四训》为何能够在众多中华文化经典中脱颖而出并赢得"中国历史上的第一善书"的美誉？搞不清楚这个问题，就很难认识《了凡四训》的真正价值。

在5000多年的中华文明当中，有数不清的古圣先贤为探索世间真理倾其一生。在2500多年前，老子和孔子的思想使得天道与人道的文明达到一个巅峰。在距今400多年的明朝，出现了两位具有标志性的人物，一位是将心学推向巅峰的王阳明先生，另一位是将圣贤智慧运用于改变自身命运的袁了凡先生。其中，了凡先生更偏重于对古圣先贤智慧的运用与现实生活和实践相结合，并精炼出了一套简明可行的方法论与实施办法，最终用改变自身命运的结果实证了古圣先贤的智慧。如果说2000多年前的古圣先贤们如满天繁星，王阳明先生的心学智慧则犹如400多年前在历史黑夜中的一轮明月，而了凡先生的智慧则如夜行者手中的手电筒。了凡先生的《了凡四训》将一个生命的觉醒阶段化、形象化、图景化、技术化、日常化，生动地体现了一个人将中华文化植入生命以后的鲜活状态和蓬勃的生命力！

了凡先生早年所经历的困顿，就如同我们每个人的遭遇。而了凡先生觉醒后的起修以及不断取得的人生成果，也增强了许多人改变自己命运的信心。《了凡四训》把许多深奥的道理显化成日常生活中的俗理，更容易让普通人理解，也更加容易操作和践行。它让很多人从认为中华文化深奥的困顿中走出来，把生活变成人生修行的道场。

《了凡四训》是了凡先生从困顿走向觉醒的实践过程记录。也许，这就是"第一善书"的魅力吧！

我学习《了凡四训》的感触

我是个学习科学出身的学者，但我所掌握的科学知识并不能帮我解决自己面临的所有关于生命、人生、生活和社会的困惑。好在我有几个现代社会的身份标签——中共党员、大学教师、企业实践者、社会服务者、真理探索者、中华文化的修习者。恰恰是这样一个标志性的身份组合，让我有了一份偏得。我是何等地幸运，在过去几十年的积累中，将科学、马列主义普遍原理与中华优秀传统文化相结合，发现了这个符合时代发展的结合型模式。坦率地说，我个人没有什么先知先觉的能力，但一直在响应时代的召唤，最终在客观上形成了这种结合型的人生道路。

我在学习和践行《了凡四训》的过程中，有这样一些感触。

一是用"立命之学"破除"宿命论"这种在命运面前"躺平"或者成为待宰羔羊的消极人生观。若是能够真正领悟这一点，就能迎来生命的觉醒。

二是用"改过之法"替换"自辩论"，摆脱问题与错误反复复制的人生困境。若能做到这一点，就能感受自我清洁、心灵日益清净的轻松与美好，并遏制住命运滑向深渊的趋势。

三是用"积善之方"来积累自己心中的光明能量，在照亮自己的同时，也将人生的光明分享给别人。正所谓"赠人玫瑰，手有余香"。将"立命之学"的光明方向、"改过之法"换来的心灵清净与"积善之方"种下的光明种子三个方面结合起来，人生的前方就会出现曙光，循着曙光继续前进，就会走进光明的世界。

四是用"谦德之效"作为上述三个核心程序的"闭环收口"程序，避免了因点滴进步或者短期成效而产生骄傲自满，形成一个能够"螺旋式上升"的闭环和持续上升的动力。

人生中的一切美好事物，都是在自我进化中获得的。人生中的一切不如意，都是在心智的停滞与退化中造就的。不仅仅是明朝需要王阳明和袁了凡两位先哲，当今时代更加需要传承古圣先贤的大道使者，来为新时代助力。希望每一个中华文化的传人都能够肩负起这个光荣而伟大的历史使命。

《了凡四训》是怎样一部书?

几年前，受到几位老同志、老领导的嘱托，我尝试着用科学视角解读古圣先贤的经典。今年，恰逢良缘良机，注解被誉为"中国历史上的第一善书"的《了凡四训》，将这样一个成功改变命运的典型案例和了凡先生的经验总结，进一步上升为人生命运科学，为有缘的各位朋友奉献上中华文化的独到智慧。

生命就是一个容器，你往里面装什么，你就会变成什么。让我们与圣贤同行，共同学习和修行，拥有一个越来越好的人生！

古往今来，大部分人都在为了生计而忙碌。只要努力拼搏，活下来是没问题的，但要想活得好或者活得越来越好，却不是一件容易的事情。有的人表面上活得很光鲜，但内心却有无尽的苦闷；有的人在某段时间里看起来活得挺好，但过了一段时间却突然跌落下来；也有的人因为一念之差，人生就走了很长的弯路，最终陷入痛苦的泥潭，似乎再也看不见人生的希望。

如此说来，命运似乎是变幻莫测的。于是，有人这样总结人生："一命二运三风水，四积阴德五读书。"这一和二所说的"命"和"运"似乎总是变化莫测的，那求风水的人，多是在自己心弱时向外部寻求帮助，很多时候也就是求个心理安慰。若是遇到不靠谱的风水师，可能还会添出很多病来。你看看历史上的那些帝王人家，风水能说不好吗？可最终又如何呢？于是乎，百般折腾之后，人们走到了读书这一步。

大部分人都知道读书很重要，可读书真的能改变命运吗？从古至今，读书的人越来越多，可诡异的是其中也不乏诸多命运凄惨的人。当然，也有人通过读书改变了命运，甚至不仅改变了自己的命运，还帮助许多人改变了命运。看来，虽然读书重要，但读什么书、如何读书，以及读书后自己变成什么样的人和赢得什么样的命运，似乎还藏着一大堆秘密。

我们应该读什么样的书？

从古至今，有思想的人写了很多书。读书也一直为人们所推崇，因为读书能让人增长知识和智慧，提升能力。

现今，人们读的更多是科学类的书，还有一些人会读历史和哲学类的书。

说得简单一点就是：科学更多的是研究人之外的事物的规律，哲学则是研究人生的秘密。毫无疑问，科学研究也是为了人自身；那些哲学水平比较高的科学家，科学研究的水平通常也超出常人，很多大科学家同时也是哲学家。

科学可以帮助我们增长知识，增加对客观世界的了解，会让我们生命的内在结构发生改变，进而会影响我们人生的整个局面，并为我们创造美好人生提供助力。但是，仅仅依靠科学知识就能改变我们未来的人生吗？坦白地说，科学知识肯定会让我们有所改变，但往哪个方向改变、改变到什么程度，却是个问题。没有掌握科学知识的人，仅仅靠蛮干肯定是无法把事情做好的。掌握科学知识有助于把事情做好，这一点是毋庸置疑的，但是做人呢？我们都知道，学会做人是拥有美好人生的根本，正所谓"先学做人，后学做事"，若是一个人不会做人只会做事，那做事的能力与结果也会大打折扣，他未来的人生一定会有很多变数。

哲学和历史实际上就是对人类自身的一些经验教训的总结与思考，其中就包含很多做人的道理。

由此看来，若是学了科学，又学了哲学和历史，既懂得了做人也懂得了做事，就可以将未来人生中的诸多不确定性转化成确定性。这也正是很多人持续地学习、不断地突破自我、人生越来越美好的原因。

读书是吸纳能量，实践是验证知识，若是能够在学习的同时去实践，在实践中不断地学习，我们就会越来越有智慧，越来越接近真理。由此可见，科学加哲学，学习加实践，在积累中不断突破自我，在学习中不断创造高级的新我，几乎是人类武装自己精神的标配，也是生命智慧的翅膀，能够帮助我们主宰自己的人生。

如此看来，读书确实大有名堂，正确地读书确实可以改变命运。

命运到底是什么？是科学吗？

说起人生的命运，很多人会觉得很神奇，也很神秘。当我们只有关于事物的科学知识，却没有足够的关于自己人生的知识时，我们的命运就会变得扑朔迷离。很多人在科学方面很专业，也创造了一些个人成就，却往往又因为在人生方面没有足够的专业知识而遭遇了很多难题与困境。

上万年的中华文化，不仅让一些外国人难以理解，中国人自己参悟起来也并不轻松。若是我们搞不清楚命运到底是什么却只想要改变命运，这往往是不得法而徒劳的，甚至极有可能会走向迷信；即使我们搞清楚了命运的规律，在那些不清楚的人看来也并不科学，甚至会被视作迷信。这是因为，文化和一般用肉眼或者借助工具能够看到的客观事实是两个不同的领域，在我们既熟悉又陌生的文化与科学之间，似乎存在着一层屏障。

在这个问题上，人类走过了很漫长的历程。在发现细菌、病毒和疾病之间的关系之前，因为我们用肉眼无法发现细菌和病毒的存在，所以无法理解生病的原因，于是就会陷入迷茫，甚至会认为是妖魔鬼怪在让我们生病。在这种认知之下，自然就不会去研究药物，而是会去求助于同样用肉眼看不见的所谓的神明。等到科学进一步发展了，搞清楚了生病的原理，人们才会恍然大悟。

人类一直活在"搞不清楚的"和"搞得清楚的"这两类事实中，对于那些搞不清楚的，就容易将其归于那些看不见的神秘力量，这就是人们常说的迷信。随着科学的进步和发展，与我们的人生有关系的迷信区域在不断地缩小，而我们搞得清楚的科学区域在不断地扩大。也就是说，人类文明发展的过程，可能就是连续不断地从迷信走向科学的过程。

有一些人之所以觉得中华文化很神秘，还有一个非常重要的原因——文化是要用自己的人生或者生命来作为实验对象进行验证的，与将纯粹的物质存在作为研究对象的一般科学有着巨大的不同，这也是人生科学对现代科学的一个巨大的挑战。正所谓"如人饮水，冷暖自知"，这是属于实践文化的当事人的主观感受，唯有进入到这种个人实践中才能体会到的人文科学，还很难用一般的科学方法呈现出来，也许在未来科技的发展中有希望找到相应的科学方法吧！

中华文化关注的核心是个人的内在与外在、人与人、人与事、人与物、人生时间线上的前后、人生与天地自然大系统可感知和不可感知的存在之间的关系。这听起来似乎有些复杂，但现在科学的思维、科学的知识与科学的手段已经越来越丰富了，可以帮助我们理解与人生有关系的一些复杂问题。君不见，从古至今，任何伟大的人物都拥有超越常人的处理人生大数据的能力。相反，那些用个人有限的知识与经验来处理外部大系统与自我相互作用的人，往往充满了困惑，会犯下诸多错误。由此可见，要理解人生的秘密，必须调用广泛的科学知识、哲学思维和个人的灵性才有希望。

实际上，我们不管用科学的手段研究多少问题，最终都要回归到它们与人的关系上。我们所研究的一切问题都是用来服务于人的，都是为了优化和提升人生质量的。说起优化和提升人生质量，我们常常会说到命运，而说起命运又会让很多人觉得实在难以把握，甚至有一些人觉得有些迷信的色彩。

那命运到底是迷信，还是科学呢？

这个问题的答案其实很简单：对于没有搞清楚的人来说，命运就是迷信；对于搞清楚的人来说，命运就是科学、哲学与人类自我灵性的综合。

那么我们再来问问自己：我们学习过关于命运的科学吗？

如果没有学习过关于命运的科学，我们对命运的理解可能就是非专业的，那就必然会或多或少地带着一点儿迷信的色彩。这是很多人在面对命运这个问题时的基本状态。

在科学研究中，有一个基本的前提，那就是宇宙中的万物都是有其自身规律的。既然是有规律的，我们就要找到那些规律，通过这种方式来认识各种事物。我们现在所熟悉的科学都是这样发展起来的。因此，对于那些我们还没有搞清楚的客观存在，我们都应该秉持这样的一种科学态度。

毫无疑问，命运也是一种客观存在。既然是一种客观存在，当然就是有规律的，也是可以认识的。虽然现有的科学知识还不足以解决人类所面临的所有问题，但是我们可以用科学的精神去探索，用科学的态度去对待。

当然，说话容易，做事难。为了探索出一条科学的道路，也就是用科学的思维来解读文化经典，我借助于个人学习科学、哲学和个人修行的资源与亲证，摸索了近二十年的时间，找到了一些感觉和门道，在此我想借助对《了凡四训》的解读向大家做一个汇报，接受大家的检阅，也欢迎大家批评指正。

人生命运的问题既涉及人的生命内在特征，也涉及不断变化的各种环境要素，是一个十分复杂的、动态的系统工程。要想解答这个问题，也许要做一个十分复杂的数学模型出来。说到这里，可能很多朋友已经在摇头了："这么复杂，我们怎么做得出来呀？"

别着急，复杂中藏着简单，正所谓"大道至简"。了凡先生也不是数学家，也没做出复杂的数学模型，但是他为我们摸索出了一套简便易行又能够保障效果的方法，这才是了凡先生留给我们的最珍贵的智慧，也是他的经验能够传播得如此之广泛的原因之一。

再回到开头的问题上，命运到底是科学，还是迷信？

如果了解并掌握了命运这门复杂、综合的学问，那命运就是个科学问题。当然不要一听到复杂、综合就觉得头疼，即使再复杂、再综合，真理也都是简单的，任何复杂的系统都有其简单的规律或者启动的开关。

若是我们研究了各种各样的事情，唯独没有研究我们人生中的头等问题，也就是命运问题，那我们在这个问题上就是个外行，就是非专业的。在这种状态下，我们就很可能把命运问题变成一个迷信问题。关键是，若是使用迷信的方法，根本就无法解决问题，甚至会离解决问题越来越远，或者又制造出新的问题。

所以，人生命运问题只有科学这样一条路可走。让我们一起借助《了凡四训》，走出一条人生命运的科学之路吧。

《了凡四训》到底讲了什么？

《了凡四训》到底是一部什么样的书呢？

在明朝，有一位叫袁黄的先生，与众多人一样，他也在思考人生命运的问题。这位袁黄先生，就是袁了凡。了凡先生曾经被一位高人算准了人生中的很多事，这让了凡先生既惊讶又郁闷，惊讶的是为什么能够算得那么准，郁闷的是其中有两项结果让他感到很悲哀，甚至难以接受。可是，了凡先生竟然跳出了算命先生为他算定的命，创造出了更加美好的命运。他把自己改变命运的历程总结出来，教导自己的孩子，这就是《了凡四训》的原型——诫子书。多说一句，袁了凡先生将自己改变命运的体会与做法传授给自己的儿子，其第一动机并不是向社会传播，这就更加让我们确信了一个重要的价值问题：父亲传给儿子，岂能是闹着玩的？更不可能是骗人的！

那么《了凡四训》到底讲了什么呢？

从内容上来看，了凡先生将自己改变命运的过程分成了四个部分：一是"立命之学"，二是"改过之法"，三是"积善之方"，四是"谦德之效"。

先说了凡先生说的"四训"中的第一训——"立命之学"。

人活在世上如何立命呢？

靠自己的能力？很多时候，我们的能力是不够的，面对那么多外部的困难，有几个人能够应对自如呢？

靠自己的知识？很多时候，我们的知识也是不够的，面对那么多的人和事，有几个人能够做到精通呢？

靠家庭背景？靠朋友？恐怕都是能靠一时，靠不了一世。

说来说去，那到底还能靠什么呢？

有一些先贤看透了命运的规律，发出了一声呐喊："我命在我！"

也许有人会说："光有这种勇气，恐怕也不能主宰自己的命运吧？"是的，要想主宰命运，首先就要搬掉心中的一座座大山。

这就要说到了凡先生说的"四训"中的第二训——"改过之法"了。

我们都知道自己并不完美，我们遇到的困难与麻烦，都跟自己不完美的部分有关。这就体现了生命中的一个重要原理：内决定着外。一个人内在的优点对应着外部的机会和成就，缺点则对应着外部的挫败与困难。正是自己内在的优点和缺点，让我们外部的人生画面那般起伏不定，难以捉摸和控制。但是，外部问题的根源就是我们自己的内在。

有人能够看清楚自己内在的缺点吗？有人能够勇敢地对着自己的缺点下狠手去改正吗？如果我们管制不住自己的缺点，它们一旦发挥作用，就会造成我们外部的挫折与灾难。

很多人虽然懂得这个道理，却很少审视自己的内在缺点和它们可能会发挥的作用。想要管制住自己的缺点，就要学会修理自己。这话说起来容易，做起来却很难。很多人在修理别人时感到很过瘾，而被别人修理时就会很痛苦。若是能够时时修理自己，就可以避免被别人修理。关键是，有几个人有足够的勇气和适当的方法，时时刻刻修理自己呢？有几个人是在让自己的生命出现一个个崭新的比前一个画面更加美好的人生状态呢？

了凡先生就在"改过之法"中，为我们讲述了行之有效的改过的方法。

有人会说："光是改过就够了吗？"

当然不够，改过是为了避免负能量的产生，但要想让自己的命运变得更加美好，还得有正能量帮助自己成长和壮大。

怎样让自己产生正能量呢？《了凡四训》中的第三训——"积善之方"就回答了这个问题。

说起积德行善，很多人都很熟悉。可是，善有真伪，你敢保证自己的善是真的、纯的，里面不夹带私货吗？想想看，一堆含金的沙子和一块纯金的价值能够相比吗？了凡先生真是智慧呀，他为我们认真剖析了人之善在八个维度上的区别。估计很多人看懂这些之后，就会发现自己善的纯度太低了！

了凡先生帮我们搞清了善的真伪、纯度之后，又为我们展示了在人间积善的一些重要方面，并一一为我们讲解了其中的内涵。

当我们学了如何积善，就会发现自己生命中的正能量开始不断增长，到了一定程度之后就会暴涨。不管你走到哪里，不管周围如何黑暗，我们都像是自带光芒的人，走到哪里哪里亮！

这样的人生，多么令人向往啊！

负能量被控制住了，正能量开始持续增长了，一个人生命的气场就改变了，最终你会感觉到：看似复杂的命运，实际上就像是一种物理现象，就是两种力量的较量。

当你通过上述过程颠覆了过去生命中两种力量的格局，肯定会很高兴、很自豪。但是，一个人好事做多了，也会膨胀，也会飘。君不见，很多优秀的人往往不是死在泥泞的爬行之路上，而是在风光无限时跌落了神坛。

对此，中华文化还有个保命之法，就是谦虚，就是低调，就是了凡先生所说的"谦德"，也是老子所说的"玄德"。这也就是《了凡四训》中的第四训——"谦德之效"所讲的内容。

当一个人拥有了谦虚这种美德，他的生命就进入了持续转化和吸收能量，进而壮大自己的状态。若是你身边有这样的人，尽管他现在可能不如你，但以后有很大概率会超过你。如果你的对手没有谦虚这种美德，总是傲慢霸道，那你就可以把他从你的竞争对手名单中删除了，因为他已经进入了自我倒退的状态，如果继续把他当作对手，就会减缓你的成长速度。明白了这些，我们就知道要做谦虚的人，不断地学习，吸收能量，突破自我，让自己持续成长。这才是一个人改变命运，并让自己平安健康的关键所在。

从立命，到改过，到积善，再到谦德，四个方面，四个步骤，若是能够掌握，就能够让自己的命运变得越来越好。当然，四个大的方面和步骤里面还藏着很多小技术。这次我解读《了凡四训》，就是用65讲给大家分析一下里面的一些关键技术。

毫无疑问，我们每个人的现状绝对不是此生最好的状态。每个人都在追求越来越好的命运，正如一句广告语所说的那样："没有最好，只有更好！"愿意让自己的命运越来越好的朋友，我们一起学习《了凡四训》吧！

《了凡四训》中的内容，既不是纯粹的理论，也不是简单的经验，而是从中华智慧宝库中提炼出来的精髓，又在实践中进行了验证，是理论与实践的结合，是用真人的命运改变之效果证明了的真理！

感谢中国的古人们，是他们为我们留下了如此珍贵的智慧！

感谢了凡先生，是他把自己改变命运的秘籍奉献出来，让我们受益！

总论：对人生命运的基本认识

第1讲：命运是有规律的

每一天，无数的人在忙碌着，为了美好的生活而奋斗。

但有不少人发现，无论如何努力，似乎都有一种说不清、道不明的力量阻碍着自己，让自己无法实现那个美好的人生目标。有一些人在自己所从事的行业中成了专业人员，甚至成了专家，但依然对自己的未来心中没底。再能干的人，即使已经高官厚禄或者成了亿万富翁，也很难成为自己命运的专家。

不管是在历史上，还是在当今时代，我们都能看到一些聪明能干的人遇到各种各样意料之外的事情。随着一件件超出预料的事情发生，我们会日益感到命运的神秘和难以掌握。只要稍一思考就会明白：若是只知道忙碌，却不知道自己的命运会走向何方，那我们不就是在瞎忙吗？若是自己的命运正在走向万劫不复的深渊，那未来的人生还有什么可期待的呢？

于是乎，有太多的人感叹人生命运的变幻莫测。命运到底是什么样的存在呢？谁能够告诉我们，在未来到底有什么样的命运在等着我们呢？

有人说，在博大精深的中华文化中，最深奥的就是玄学，甚至有人说："你若真的觉得自己智商很高，那你就把玄学变成人生的一门技术。"一些智慧的先祖发现了命运的规律，成了命运的主人。一些修行的人认为，真正的天才不是能做事的人，而是那些能够将命运掌握在自己手里的人。

在人们的印象中，说起命运，总觉得里面充满了迷信的色彩，有一些学习科学的人甚至对其不屑一顾。等遇到的事情多了，一些本来不相信命运的人，就开始悄悄地研究起命运的规律来。有的人活着活着，好像明白了什么，于是就会调侃自己："过去的自己简直活成了一个笑话。"

在人生中，通常会有三种笑话。

第一种笑话是，大部分人如没有尽头一般地忙碌着，好像只有生病了或者去世了才会停下来。这样的景象真让人唏嘘不止，感觉人类是一种很可怜的动物，既可悲又可笑。

第二种笑话是，不论是高官还是百姓，抑或是学历很高、知识渊博的学者，都有人会去找所谓的高人给自己算一算人生命运——他们往往花费不菲，最终却发现，所谓谋算命运，不过是一场特殊的游戏，找人算命这种事也成为一个笑话。

第三种笑话是，有一些看起来很勇敢的人，他们似乎什么也不信，最终毫无悬念地会成为一个笑话。

当然，也有人最终懂得了笑话自己，于是渐渐看清了自己的人生。

社会上有很多种职业，每种职业中都会有一些天才和专家，但是我们几乎没见过人生命运方面的专家。即便是在专业领域内再高明的人，也很难预知自己未来会遇到什么，面对命运的难题时也大多束手无策。至于大部分普通人，在面对人生中各种难以理解的事情时，则更多的是不解、郁闷与彷徨。

对于命运这样一种让人绕不开又解释不明白的客观现象，很多人都觉得有些神秘，甚至有人觉得人类就像傻瓜一样，被某种我们看不见、搞不懂的神秘力量操控着。

命运虽然看似变幻莫测，但它其实是一种客观的存在，是有自己的规律的。这种特殊的规律就构成了"命运学"这门人生的学问。那"命运学"到底是一门什么学问呢？它是哲学吗？是，也不是。哲学中讲到了不少跟命运有关系的内容，但往往讲得不深不透或者不究竟，所以很难从中找到系统的、具有可操作性的技术方案。那它是科学吗？科学的发展的确解开了很多人生的谜团，但很少有科学家会专门研究命运的规律。

我们的命运就像一个待组装的玩具。大部分人是在没有图纸的情况下去组装的，边想边做，做着做着，就发现不对劲了。若是有一张图纸告诉我们组装的步骤该多好哇！组装命运比组装一个玩具要复杂得多，但要点是类似的——一是图纸，二是材料。在人类几千年的文明史当中，无数圣贤先哲、伟人英雄，都可以作为我们的图纸，只是很多人忙于日常事务，根本没有精力去仔细观察或者研究那些美妙的图纸。组装命运所需要的材料则有两种：一种是我们每个人自身带着的，一种是我们在人生途中随时可以免费获得的。图纸是现成的，材料是自己本来就有的或者可以免费获得的，人生的命运，其实就是按照图纸自己组装起来的。由此可见，命运问题，是人生的一门"综合学"，我称其为"命运学"。很多人之所以感到命运玄乎其玄、变幻莫测，就是因为没有学习和研究这门学问。

人们似乎很难找到一个合适的地方去专门学习"命运学"。能不能把这门复杂的学问中最核心的部分抽取出来，便于大家掌握呢？

用一句话来简单地概括这门玄妙的"命运学"就是：无论在什么时候，不管你的能力大小，也不管你遭遇到了什么，你都要善良，因为善良能把人生引向光明。

怎么样？很简单吧？并不是解决复杂问题的方法都是复杂的，正如真理往往都是简单的。但是，把简单的事情做好也是需要技术的，要做到真正的善良，也是需要智慧的。若是不信，你可以思考以下问题：

1.任何时候，你心里想的都是要善良吗？

2.遇到任何人，你的第一个念头都是如何善良地对待他吗？

3.别人对你不好时，你还能够对他善良吗？

4.面对那些对你没有什么用处的人，你会心甘情愿地对他们善良吗？

5.你对别人善良时，会期望有回报吗？

6.如果没有善的回报，你还会继续善良吗？

7.如果你遭遇了欺骗，你还会继续善良吗？

8.你有没有动过损人利己的心思？

9.别人对你不好时，你心里怨恨过吗？

10.你现在心里有怨恨的人吗？

即便你是个一般意义上的好人，但也很难算是彻底的、完全的善良吧？

通过对自己的一次次拷问，我们就会知道：善良看似简单，人人皆知，真正做到却很不容易；尽管我们也会时而善良，但一直善良下去，恐怕是不容易做到的。

看到这里，请你再想一想："善有善报，恶有恶报"这句话在自己身上是不是也在体现和验证啊？下面说说四种可能。

第一种可能：恶一旦成了主导，厄运就会降临。几乎每个人心中都或多或少地存在着尚未处理干净的小恶，它们会时常影响着我们，令我们对问题的看法出错，进而用错误的方法处理问题，让问题恶化或者放大，于是，一段厄运就被我们制造出来了。此时，我们不就正在验证"恶有恶报"吗？发现这一点，对于自己来说是一种难得的觉悟。

第二种可能：善战胜了恶，运气就会越来越好。如果我们心中的善良总能战胜那些小恶和大恶，我们就会有稳定的情绪和超人的智慧，不断对与事情相关联的人产生积极的影响，让每个人在面对问题时都处于一种良好的状态，于是，问题得以解决，既没有误事又没有伤和气，这件事就会变成大家的一个缘分，进而为大家带来好运气。此时，我们不就是在验证"善有善报"吗？

第三种可能：善恶难分胜负，人生就会起伏不定。大多数人的心中都会有小善的念头与小恶的念头，一些人心中甚至会有大善与大恶，善恶这两种力量总是鏖战不休，时而善战胜了恶，时而恶又战胜了善。这每一次鏖战的结局，就是那个时刻我们命运的景象。

第四种可能：恶转善，善升华，成就至善信仰。到了这个地步，就是修行从"二元对立"上升到了"一元统一"，就进入了万事万物的真相之中，与真理会合了。

改变命运是中华文化中一门独特的学问。历史上有一个改变了命运、参悟了"命运学"的楷模——袁了凡先生。了凡先生年轻时被高人算命，算得很准，在一段时间里一一应验。有两条尚未应验的结论对他而言十分重要：一是高人算出他的寿命只有53岁，二是高人算出他此生没有子嗣。既然前面算的都一一应验，按道理来说，这两条结论也会在未来得到应验。这让了凡先生苦恼不已，因为这两点实在太重要了！

幸运的是，了凡先生后来又得到了一位贵人的点拨，并且按照贵人的点拨去修行了，他最终竟然改变了自己的命运：他活到了74岁，比高人算的多活了21年，而且，他在中年时有了儿子。一个人把命运改变到这种程度，对于现实中许多想改变命运的人来说，无疑是极具诱惑力的。

了凡先生用自己的生命验证了命运不玄，命运是可以改变的。于是，了凡先生就写下了《了凡四训》，作为他写给儿子的家训，也叫"诫子书"。

《了凡四训》融合了中华文化儒、释、道三家的精髓，成就了极具中华文化特色的"命运学"。

读到这里，我相信你已经看到人生命运秘密的那个"众妙之门"了。希望和曙光就在眼前，只要走进去，你就能成为命运的主人。

第2讲：命运能由自己掌握吗？

世间有很多已经在人生中取得优异成绩的人，在面对人生命运时却摸不到门道，觉得只能在朦胧中碰运气，关键是好运与厄运交替，期望的好运总是扑朔迷离。下面，我们就来讨论这个很有意思的话题：命运能由自己掌握吗？

《了凡四训》讲人的命运。在中国古代，领悟了命运规律的大修行者也不乏其人。一位古人这样说过："古来无数人众，大都被气数所拘，自己作不得主张。"这说的是，从古至今，无数人被一种莫名的力量所束缚，不能自己做决定。

是呀，普通人大多会随波逐流，只有少数人会走出平凡，走向不凡。一些人在某个方面优秀，在其他方面又很平庸，正所谓人间无全才；一些天才人物一时一事受众人追捧，最终却往往不知身落何处；一些出身富裕家庭的人，看起来一切都不用愁，最终却被命运的温水煮成了青蛙；一些达官显贵、亿万富翁，实则是重任在肩，为许许多多人的命运操劳，几乎没有个人的生活空间，十分辛苦……至于那些身在高位却不为众人负责，利用众人的信任而骄奢淫逸、谋取私利、作恶多端的人，自然会遭人唾弃，甚至遗臭万年。

看起来，要想有好的命运，确实不简单，也很不容易。这么重要的问题，可不止你一个人在想，很多优秀的人也在思考和探索。古往今来，那些修行者基本上都能摸索到那条命运的光明大道。

说到底，所谓的"气数"，就是一个人的自知力、自制力、向上力。失去了这"三力"，优点膨胀成了缺点，缺点泛滥成了灾难，成长力不足，人的成就、地位即便很高，最终也只能坠落。总结起来，这"三力"其实就是自我管理能力。

有的人之所以会遭遇不幸的命运，是因为相信了错误的道理。古往今来，在我国一直有一个观念如魔咒般困扰着人们，这就是"天命论"。人们往往从字面上来看，把"天命论"理解成"人生命运天注定"。曾有人感叹："死生有命，富贵在天。"直至今日，有些人甚至说："每个人的人生，都早已经写好了剧本，人生只不过是照着剧本演出而已。"

《周易·系辞上》中说："大道五十，天衍四九，人遁其一。"这句话告诉我们，天地之间，事物的运行和发展规律总共有50条，天命只能衍生出49条，缺少的那一条便是天机。在实际生活中，天机其实就在我们身边，只是它们显现的时候比较少且不易被人察觉，才会让人感到难寻。但作为修行者，总会在天机显示时捕捉到它。

人生命运，虽然看似难以掌控，但有这样一位高人就为众人指出了一条出路："惟大善之人，气数拘他不得，所谓至人有造命诀也。"这句话是说，唯有大善之人，才不会被所谓的命运束缚住，所谓至人有改造命运的要诀呀！

能够发现身边天机的人，就能改变命运。所谓"造命诀"也不神秘，就是前述"三力"而已。

中国历史上，从来不缺少这样的觉者，他们可能是平凡的百姓，也可能是社会精英，更可能是达官显贵。他们奉行着至善、上善的信仰，处处与人为善，克己奉公，既能够忍辱负重，也能够在荣华加身时保持质朴和清醒。他们用自己的行动和事实证明了一个真理：美好的命运是自己修出来的。

中华文化经典《尚书》中有一句名言："天作孽，犹可违；自作孽，不可逭。"后来，这句话流传成了更加容易理解的"天作孽，犹可恕；自作孽，不可活"。这句话说的是：若是遭遇自然灾害，人还可以规避一时；但若一个人自招灾祸，那他的悲惨命运就是没有办法避免的。

道家经典《太上感应篇》开篇就说："太上曰：祸福无门，唯人自召。善恶之报，如影随形。"说的是，祸福的到来本无定数，都是人自己招来的，善恶的报应就像影子一样，人到哪里，它就跟到哪里。可惜很多人不肯承认这个事实，总以为福是自己求来的，而祸是别人陷害的。自古以来，大部分人的认知是：人类追求幸福唯恐不及，躲避灾祸唯恐不周，哪里有自求灾祸的？因而，一旦遇到灾祸，人们就会把责任推给别人，以求自我安慰。

可是，人类既然有趋利避害的本能，为何会自招祸端呢？这不合情理呀！在日常生活中，人们能够规避那些常见的灾祸，但对于更深层次的灾祸，很多人是缺乏认知的，或者是虽然有一定的认识，但自己无法很好地掌控。当然，中华文化之所以优秀，能够传承上万年，也在于一些古人揭开了"天命论"的谜底，发现了一个重要的事实——命运的关键在自己手里把控着呢！

道家特别注重自我命运的改变。东晋著名道家人物葛洪在其著作《抱朴子》中阐述道："我命在我不在天，还丹成金亿万年。"意为个人的生命由自己来掌握，不由上天来安排，达到还丹成金的境界后便可长生不老。道家祖师打破了"天命论",认为人可以把决定命运的权力握在自己的手中,这是十分了不起的创见。

实际上,当代人都有一种认识,人的命运分为两个部分:一个是先天之命,另一个是后天之命。先天之命来自遗传,它的力量很强大,人与人之间在遗传方面的差异也不小。但是,后天之命的力量也很大,对我们产生影响的时间也很长,若是我们坚持修行自己,就可以获得巨大的能量,足以让自己的命运发生翻天覆地的变化。可以说,先天之命是父母的作品,后天之命才是自己的作品。

了凡先生的先天之命算不上很优秀,也算不上很差劲,但他遇到了两大机缘:一是孔先生(有一种说法是,此人是著名易学家杨向春,化名孔先生,曾著《皇极经世心易发微》一书,这是《云南县志》里考证的)告诉了他先天的命数,二是云谷禅师告诉了他后天改变命运的妙法。

《了凡四训》让我们明白,如果能够挣脱先天命数的束缚,掌握后天改变命运的钥匙,就可以走出迷茫,走上自己掌控命运的光明大道。

第3讲：命运的开关在哪里？

　　从科学的角度来看，生命也好，命运也罢，就如同一个系统，有进有出。如《易经》中所说"一阴一阳之谓道"，万物的规律就在一阴一阳之间。如此看来，生命和命运的玄妙就在这一进一出之间。明确了这一点，我们就来看看，这一进一出的通道或灵窍在哪里。

　　很多人都知道"非礼勿视，非礼勿听，非礼勿言，非礼勿动"，这是《论语》中孔子对他最得意的弟子颜回说过的话。孔子告诉颜回，要想达到儒家所说的最高道德境界"仁"，就要坚持四个原则，以"礼"这一社会文明准则为核心，把持好视、听、言、动四个方面，对于不合乎文明准则的事，不要看，不要听，不要说，不要动。

　　为何圣人特别强调"礼"呢？因为这就是生命和命运的灵窍，若是没有把持好，让"非礼"，也就是不合乎社会文明准则的信息进入了生命，心灵就会受到污染，再去看人生和世界时，就会出现污秽和错误。若是此时还不知道自己已经深陷错误之中，就会走向万劫不复的境地。

　　这涉及命运的一个基本的原理：**信息加工原理**。

　　没有开悟的心如同一个没有灵智的接收器，无论接收到什么，都会将其表象原原本本地保存下来；而开悟的心就像一个过滤器，不管接收到什么，都会对其进行粉碎、再加工，最后淬炼出真相和规律。

没有开悟的心，就如同一个酒醉后的人的肠胃系统，吃进什么，就会吐出什么；而开悟的心就是一个淘金器，不管接收到什么，都能从中淘出像金子一样有价值的宝贝。

没有开悟的人，心智尚不足以处理纷繁的信息，故而要规避那些会污染自己心灵的信息，坚定不移地去接收那些能够让自己的心灵正面、阳光的信息。

孔圣人应景式地说了四个"勿"——"非礼勿视，非礼勿听，非礼勿言，非礼勿动"，这使用的是否定式的表述，告诉我们不要做什么。那我们应该做什么呢？于是，就自然有了相对应的肯定式，就是"视必礼，听必礼，言必礼，动必礼"。如此，我们就找到了改变命运的四条法则。

第一条法则：命运就在眼睛里，在于你主动看什么、经常看什么。你主动看、经常看的那些信息就是组装你命运的零部件，最终就会变成你的命运程序。因此，要看圣贤书，看充满正能量的书，看别人的优点和长处，看别人对自己的恩情，内观自己的不足。

第二条法则：命运就在耳朵里，在于你主动听什么、经常听什么。听到耳朵里的信息会被记在心里，很难再清理出来。负面的信息听多了，你的心会变坏；正面的信息听多了，你的心会变好。所以，要听圣人教导，莫听人间是非，更不要听人间谗言。

第三条法则：命运就在嘴巴上，在于你主动说什么、经常说什么。说话时要嘴上留德，要说圣人的思想，说做人的境界，说别人的优点与别人对自己的恩情，说自己的不足与缺点。不说人间是非，不传他人灾难，不说低俗话语，不说别人短处。

第四条法则：命运就在行动中，在于你主动做什么、经常做什么。要用行动证明自己的良心和品德，不做昧良心之事，不做口是心非之人，不说空话，自己有错不推诿，遇人有过就好言相劝。

抓住这四个命运的灵窍，就能让我们的命运发生改变。

这些法则也是在告诉我们，大善之人才能掌握改变命运的要诀，因此才不会被所谓的命运束缚住。

《了凡四训》之所以在社会上一直备受推崇，一方面是因为它融合了中华文化的精粹，被许多圣贤大德大力推荐，另一方面是因为它将中华文化聚焦在一个现实人物——了凡先生身上，他通过自己的亲身实践改变了人生命运，成了亲证圣贤智慧的代表人物。了凡先生在《了凡四训》中讲述了他改变命运前后心智模式发生的本质改变。

原来，古圣先贤已经用他们的智慧为我们提供了改变命运的方向和能量。人若不读书，就无法接续历史和文明的能量，自己的生命就会陷入能量不足的状态。人的生命能量不足，往往就会无事生非，无聊时野性就会冒出来，那就如同野兽的兽性发作。

书有很多，但若是以为所有的书都是承载真理的，那就大错特错了。如果不是揭示真理、劝人向善的书，多半就是对人有害而无益的。从平凡走向不平凡的必由之路，就是读书，关键是要读善书。如果有个使用书中的知识组装自己生命的机会，你会选什么书看？你会如何规划自己的生命蓝图？

第4讲：人生中最大的功德

很多人一生都在追求有所成就，但什么是成就？什么成就最大呢？中华文化给出的答案是：修行自己，帮助别人，即所谓的"修己安人"。如果把人生成就的标准搞错了，人生就必然会出现重大的错误。人生最大的失败，莫过于追求错误的目标，若是追求错误的目标，必然是得不偿失的。

为了私利不择手段的人，所遇之人皆是对手。每一次得利，都可能意味着结一次仇怨，断一次未来的好运。于是古人劝人少结怨，莫结仇，多利人，这样人生路上无大忧。

为了获得更高的职位而趋炎附势的人，短时间内也许会得意，但最终会毁了自己。因为能够接受趋炎附势这种行为的人，本身就心术不正，不值得别人追随。一个趋炎附势，一个心术不正，两方遇到一起，必在未来酝酿成一场灾难。

喜欢挑拨是非，总想着渔翁得利的人，也许能够一时一事得逞，但也是获得的远远小于失去的。若是这样的账都算不明白，其智力水平也就可想而知了。

貌似正义，滥用权力和规则的人，最终会发现善可能变质，恶可能会变换形式，成为更危险的力量。君不见，自古至今，惩恶力度不可谓不大，但恶却像是斩不绝的毒草。只有世间的大觉者，才会有帮助恶人清理灵魂中邪恶与肮脏的功力，只是大部分人可能遇不到这样功力高深的人。

总是愤愤不平，感觉自己遭遇了不公平的对待，心中充满怨恨的人，看不见自己的心理活动过程，他们不知道，其实他们所遭遇的一切都是自己心灵中的力量吸引来的。

一些追求进步的人想增长自己的智慧，遇到的事情却总是让自己的智慧捉襟见肘。有时候虽然自己进步了，却发现队友跟不上，着急呀，但也不管用！实际上，着急也是自己的智慧不够用的一种表现。

那么，应该到哪里去寻找智慧呢？

一些相信善有善报的人，把善良当成执念，却总是遭遇无耻的小人，要么被骗吃骗喝，要么被骗钱财，那些骗了人的人还觉得理所当然，好像就是吃定了你！实际上，我们可以把自己遇到的小人或者骗子当作特殊的教师，从被欺骗的经历中获得一场生命的特殊教化，从而获得更高的善的智慧。

一些奋发努力的人，比懒惰的人有更多的成就与收获，成了强人，似乎能够一呼百应。可是，回到家里，家人却不会把他们当英雄。夫妻之间三句话就会呛火，孩子也可能会对他们命令式的说话方式产生逆反心理，若是继续加压，人间的悲剧就开始上演了。你强大了，就有权利强制别人吗？你是善意的，但人的自主意志能够接受强制的善良吗？夫妻吵架、孩子逆反，你能够感悟到这是对自己的一种教化吗？

知识就是力量，此话不假，但也并非全真。因为，知识只有变成了能力，才会成为力量。读书多的人，往往参与实践少，但又很有优越感，道理讲得都对，却解决不了实际问题。怎样才能让知识变成能力呢？很多人通过自己的亲身经历得出的结论是——学习、实践、再学习、再实践，不断总结，不断提高，永无止境。

若是已经让知识变成了能力，但没有德行支撑，结局又会是什么样的？

一些自以为头脑灵活，无论到哪里都会游刃有余的人，觉得自己在社会上有各个方面的朋友，可真正有求于人的时候，却变成了孤家寡人。试想，我们能交下几个不谈金钱，互相帮助，无怨无悔，永不设防，能够把后背交给对方的真正的朋友呢？

一些炒房炒股、一心做投资的人，似乎生命中只有金钱，浑身的气息、整个人的神态，全是带着铜臭味的。试想一下，若是把灵魂交给了金钱，人生能走到哪里去呢？

一些善良的人会帮助别人，但也因此遇到了麻烦：有的人开始被帮助时会感激，渐渐地就成了习惯，觉得你帮助他是理所当然的；若是你也遇到了困难，帮助得少了或者中断了，人间的尴尬就出现了——你会遭人恨！看来，助人也是人生的大学问哪！

实际上，这些问题并不仅仅是现在才有，古时就有了。古时就有很多人在思考什么才是人间一切生活和伟大事业的根本。有觉者告诉我们："须知惩恶非大势不能，劝善则匹夫可办。盖心欲为而头头是道，造之深必处处逢源。诚能严身作则，苦心宣扬，不费分毫，见功最巨。"用白话说就是：要知道，惩恶一定要有大势力才能够做得到，而劝善则人人可行。由于心欲为善，则头头是道；行到深处，必处处逢源。如果真能够严身作则，苦心宣扬，则不费分毫之财，而功德最为巨大。

当为善之人越来越多时，为善者就会从中受益，人生也会变得顺利。当整个社会都在为善时，则社会风气清明，人人都在帮助别人，人人也都在得到别人的帮助。

因为人人心中都有良知，若掌握了善法，能够与每一个所遇的人的心灵直接对话，就会让对方心中的良知复苏，他自然也会将你视为人生中的贵人和灵魂的知己。

尤其是那些身份卑微、遭人唾弃、没有尊严、没有机会的落魄者，飘摇不定的灵魂更急迫地需要找到可以安放的温暖之处。如果真能够严于律己，以身作则，苦心宣扬，则不费分毫之财，能够走到哪里都自带光明，都会结交不少的朋友，都会有恩于人，都会种下善的种子，因而功德最为巨大。

这就是为善的人生之道。为善有五大法则。

第一法则：作恶之人也是受害者，作恶也是在呼救。

第二法则：惩恶不能断恶，助人向善，恶行才会减少。

第三法则：心中有了足够的善的影响，恶就不会再来作乱。

第四法则：心善、言善、行善，就会收获善果，人生就能回归正道。

第五法则：让长者以身作则，是人间最节省气力的管理方式。

人间事，一切都是为了人类自身的成长与进步。人世间，一切事最终的效果，皆要看做事的是什么人。毫无疑问，好人做好事，坏人做坏事。你若是能带头学习，主动行善改过，并能带出一批真正的好人，带领人们走上善良的道路，就一定会有美好的生活，也一定会有成功的事业！

第5讲：为何你觉得做人难？

人生路漫漫，无数人感叹："都说做人难，此生为人，不做人还能做什么？""都说做好人难，难道做坏人很容易？"如此看来，做人这件事，真的不容易呀！

实际上，大多数我们觉得不容易的事情，都是我们想错了。

那做人难这件事，也是我们想错了吗？

关于做人难的讨论，我们可以就以下三个问题来展开。

第一个问题：都说做人难，难道做鬼容易吗？

若是说做人难而做鬼容易，那一定是不懂得做鬼的艰难，就如同我们总羡慕别人却根本不懂别人的付出与内心的压力一样。我们对于鬼的认知，大多来自影视或文学作品，它们常常以青面獠牙的形态出现。实际上，那都是艺术的加工，在现实中有谁真的见过那样的鬼呢？我们倒是常常能见到一些比鬼更可怕的人：他们只想自己好，根本不顾及别人，一旦自己的利益受到损害，就会翻脸不认人。他们在阴影中、黑暗里谋划着自己的利益，每日提心吊胆却要故作镇定，在被发现之后，冰冷的手铐戴在手上时，才会幡然醒悟。说到这里，你是不是感觉还是做人好一些呢？

第二个问题：都说做好人难，难道做坏人就很轻松吗？

大部分人即使没有做过大坏事，可能也偶尔做过几件小坏事。做小坏事的时候，多半也是内心很纠结，甚至提心吊胆。至于那些大恶之人，行凶作恶时怎么会很轻松呢？他们在逃亡的路上怎么可能会幸福呢？自以为善良的人之所以会感觉做好人难，最根本的原因是没有领悟做好人的智慧，或者内心还藏着一些并不善良的东西。因此，"做好人难"这件事，归结起来有三个原因：一是自己的内心不干净，二是内心的不干净招来了外部的肮脏之物，三是缺乏做好人的智慧。如此这般，想做好人，就有点难了。

第三个问题：做人难，做好人更难，这个想法有错吗？

做人不难，若是觉得做人难，那一定是没有搞清楚做人的学问。做好人不难，若是觉得做好人难，那一定是没有搞清楚什么是好人。中国的圣人先哲们已经找到了这个问题的答案：做一个不干净的好人很难，因为自己就会跟自己打架，还会招来外部的人跟自己打架；做坏人也很难，因为那是与天下人为敌，即使有再多的理由，行凶作恶也不可能变成正义之举，还会受到良知的折磨与法律的审判。

如此说来，出路在哪里呢？那就是向圣贤寻找答案，不管是为官还是做百姓，不管是做商人还是做知识分子，都可以选择一条光明大道。很多人觉得自己就是个普通人，离圣贤很远，更没有想过要成为圣贤。这就是藏在很多人心底的"魔咒"：不想做圣贤，只想好好做人，但心又不干净；不想做坏人，但又遇到了很多诱惑或者不得已的情形。若是不能破除这个魔咒，人生就找不到希望了。

印光法师在《〈袁了凡四训〉铸板流通序》中写道："然作圣不难，在自明其明德。欲明其明德，须从格物致知下手。倘人欲之物，不能极力格除，则本有真知，决难彻底显现。欲令真知显现，当于日用云为，常起觉照，不使一切违理情想，暂萌于心。常使其心，虚明洞彻，如镜当台，随境映现。但照前境，不随境转，妍媸自彼，于我何干？来不预计，去不留恋。"

印光法师告诉我们，成为圣贤也不难，只在于彰明自己光明正大的道性与道德。要彰明自己光明正大的自性之德，必须从格物致知下手。如果人的欲念不能革除，即便本来有真知，也很难显现出来。欲令真知显现，就应当在日用间，起心动念、言语造作之时，常起觉照。不使一切与理相违的情绪、念头萌发于心，哪怕是短暂地萌发也不可以。面前有什么就仅仅是映现它们，而不要被它们牵绊。人生就是一场经历，一趟旅行，经历了，明白了，放下了，再拿起，再升级，再放下，直至自由。来时没有期望等待，去了也没有烦恼留恋。

很多人一直想做个好人，但不知道如何做个好人，于是长期处于痛苦状态，遇到一些重大的打击或者诱惑后就走向了堕落。这就是我们所说的"做人难"的真相，也是人性的真相。

追随圣贤，立志成为圣贤，首先要有正确的追求。人生必须有此大志，要发大愿，坚定地追求光明正大的正道、生命之真性、人生之大德。

有了正确的追求，还要避免堕落，避免被低级的欲望带偏。怎么做呢？应当建立自我审查机制，这样就可以随时观察自己的起心动念、言语和行动，一旦觉察到自私自利、损人利己、责人宽己、量小不容人、狭隘排斥人、背后诋毁人等恶念头，就要联想到这些念头会给自己造成的各种损失、人格贬值和难以预知的灾难，从而坚定地把这些念头断掉。

如此一来，我们就能够不断地自省改过，用正能量给自己的生命充电，不断地营造正能量的群体氛围和会聚正道的道友。若有重大机缘，必然能够遇到自己的人生导师和贵人，如此，功力的提升就会急剧加速。

　　人生就是一场持续的内战，不断地打败落后的自己，制造崭新的自我，让自己的精神与灵魂主宰自己的人生。

第6讲：要小心自己的心贼

很多人都知道，明处的敌人固然可怕，但藏在自己队伍中的内鬼可能更加危险——隐蔽在身边的敌人才是最可怕的。

在对敌斗争中，谍报工作极其重要，敌方的卧底会让我方付出沉重代价。同样，我方的特工也会让敌人败得莫名其妙。人生也是如此。人生中最大的危险，就是我们自己心中藏着的那个内鬼，它像个贼一样偷取我们的运气和生命的能量。

明代思想家王阳明曾说："破山中贼易，破心中贼难。""心中贼"为何物呢？"贼"通常指偷窃的人。"心中贼"则不仅包括恶念、恶行，还涵盖了人所有不好的习惯、品质、性格，例如贪婪、骄气、急躁、惰性、犹豫、懦弱等。明代晚期著名学者吕坤在《鉴心录》中讲了四个贼。

一是"奋始怠终，修业之贼也"，意思是，有始无终，是修业的大敌。奋始怠终的人在学习上虎头蛇尾，即便前期通过努力取得了一些成绩，也会因为后期的松懈而失去。

二是"缓前急后，应事之贼也"，意思是，前缓后急，是做事的大敌。前缓后急的人在做事之前不进行充分的考虑，不做好准备，总是临时应急，所以找不到事情的原因与根本，很难把事情做好。

三是"躁心浮气，蓄德之贼也"，意思是，心情浮躁是修养的大敌。心浮气躁的人遇事不冷静，疏于耕耘，急于求成，是无法有好修养的。

四是"疾言厉色，处众之贼也"，意思是，疾言厉色是处理人际关系的大敌。疾言厉色的人总是做出强者的样子，在一些小事上也不让分毫，如此做派，会导致什么样的结果，就不言而喻了。

心贼的作案手法可谓是千奇百怪，不断地花样翻新，但花样再多，也都有迹可循，我们要时刻警醒，不要让自己因"心中贼"偷走能量而腐化。

遇事不肯吃亏，总想占便宜——别人也不傻，轻易就能把你看穿。是不是心贼偷了自己？

拉帮结伙，排斥异己，搞小圈子——是你的圈子大还是众人的数量大？把自己孤立了吧？是不是心贼偷了自己？

算计别人、损公肥私、行贿受贿——拿了不该拿的东西，却觉得不会被别人发现，或者编出一堆谎言骗自己。你的心贼又一次出卖了你吧？

冥顽不化，固执己见，不撞南墙不回头——这简直就是愚不可及了！你手中并没有掌握着真理，这样不愿意反省，也不接受大家的建议，更不去讨论或者商量，结果会怎么样呢？是你的心贼导致你这样啊！

缺乏知识，能力不足，导致管理混乱，却又到处指责别人、惩罚别人——这一点，稍微有点理性的人都看得清楚，只有你这个自大的、自以为是的上级看不到。心贼再一次把你变成了他人的笑料！

印光法师在《〈袁了凡四训〉铸板流通序》中写道："若或违理情想，稍有萌动，即当严以攻治，剿除令尽。如与贼军对敌，不但不使侵我封疆，尚须斩将搴旗，剿灭余党。其制军之法，必须严以自治，毋怠毋荒。克己复礼，主敬存诚。"

如果你有违背良知与天理的私欲，在它们刚刚萌动的时候就应该严以攻治，把它们一网打尽。如同与贼军对敌，不但不让他们侵犯我方的疆土，还要将敌军的旗子拔掉，把敌军全部杀死。统率军队，一定要严格自治。不要懈怠、不要荒废，约束自己的视、听、言、行，使之符合"礼"的要求，恭敬至诚。

原来，每个人都有一个重要的使命，就是铲除心贼。虽然我们学了那么多知识，积累了那么多经验，但在铲除心贼方面还是不够专业。怎么办呢？这就要向圣贤们学习了。圣贤们一生与心贼作战，绝不懈怠，绝不犹豫，绝不妥协。

为何连王阳明先生这样的圣人都感叹"破山中贼易，破心中贼难"呢？

一是心贼藏在自己心中，肉眼难以发现；二是心贼降低了人的智力，让人为其打掩护；三是心贼能够满足人们低级的需求，让人们误以为它是自己的朋友；四是即使有人一次次被自己的心贼出卖，别人也不会轻易告诉他，即使告诉他，他也不会接受现实，因为他的判断也被自己的心贼左右。

由此可见，人们改变命运最大的障碍就是自己内心的那些负能量、坏品质。若是不能下定决心与它们作战，人就会面临内外夹攻的局面：内有家贼，外有强敌。

有人说："每个人生命中都有两个小人儿，一个代表着善，一个代表着恶。人生的修行就是让代表善的小人儿成长，打败代表恶的小人儿。"还有人说："只要让自己的心变得干净了，一切都是光明的，就不用再去外求什么。一切自足，一切富足。"

你相信吗？当然，在自己的心变干净之前，很少有人相信这些话。幸运的人不是等到心干净了才相信，而是因为相信了，才加快了让心变干净的速度。

《了凡四训》的作者了凡先生通过行善、改过这样简单的方法，打赢了与自己心贼的战争，把算命高人算定的命运改变了。自古以来，很多人通过读书改变了后天之"运"，但真正能够改变生命内在结构的人却不多。随着国家对中华优秀传统文化的重视与倡导，读圣贤书的人越来越多了，相信会有更多人将科学知识与国学智慧相结合，亲手铸就更加美好的命运。

第7讲：圣贤给我们的人生打样

《周易》中说："一阴一阳之谓道。"老子说："万物负阴而抱阳。"孔子说："质胜文则野，文胜质则史。文质彬彬，然后君子。"中华民族有两个了不起的祖先，一个是伏羲，一个是女娲。他们一个拿规，一个拿矩，一个画圆，一个画方，规矩的本质就是方圆的智慧。

人生智慧浩如烟海，但核心都离不开两个词，一个是"方向"，一个是"方法"。毫无疑问，如果方向错了，一切努力都没有善果；即使方向对了，如果没有正确的方法，也往往是事倍功半。5000多年的中华文明之所以能够在世界上独树一帜，之所以能够造就无数中华精英，就在于一代一代的先人，用自己的一生，亲证了人生的智慧。通俗地说就是先人们给我们这些后人打了个样，既为我们指明了正确的方向，也留给了我们一些简单易行的修行之法。

通过前几讲的讲解，我们已经知道，做人很难，因为我们的心不干净；做坏人更难，因为没有前途；做圣人看起来很难，但这条路上没有竞争者，而且有可以参照的样板，只要我们一步一步地修行，一点一点地积累，就会逐步提高自己的人生境界。

孔子曰："工欲善其事，必先利其器。"古代圣贤之人，修行得道皆有善法和道器。若只是明理而无连续的修行，空说修行而无善法，定无修成正果之希望。接下来，我们就重点讲一讲，历史上那些成圣成贤的先人是使用什么样的方法超凡入圣的。

印光法师在《〈袁了凡四训〉铸板流通序》中写道："其器仗须用颜子之'四勿'，曾子之'三省'，蘧伯玉之'寡过知非'。"

颜子就是颜回，孔子的学生，颇得孔子赏赞。他善用克己功夫，恪守"四勿"原则——"非礼勿视，非礼勿听，非礼勿言，非礼勿动"，不符合"礼"的事，就不去看、不去听、不去说、不去做，以此保证自己的心与这个世界沟通渠道的畅通，不会因为"非礼"而乱心。

曾子也是孔子的学生，得孔子自省心法。他曾说："吾日三省吾身：为人谋而不忠乎？与朋友交而不信乎？传不习乎？"他以"忠""信""传"这三者为准则，处处、时时、事事反省自己：替别人做事尽心尽力了吗？与朋友交往做到真诚守信了吗？认真复习老师传授的学业了吗？于是，他得以持续地优化、提升自己。

蘧伯玉也是大修行者，与孔子乃是至交，他是春秋时期卫国著名的贤大夫。古之"卫地多君子"，蘧伯玉便是卫国君子的代表。他居心端正，坦诚磊落，言行有度，举止有礼，人们都十分敬重他。一次，卫灵公与夫人南子在宫中夜坐，先听到辚辚的车声，可车声到宫门口时却消失了，过了一会儿，辚辚的车声又响起来。卫灵公就问南子："你知道刚才过去的人是谁吗？"南子说："应该是蘧伯玉。"卫灵公问："你怎么知道是他呢？"南子说："君子是非常注意自己的生活细节的，车走到宫门口时没了声音，那是车的主人让车夫下车，用手扶着车辕慢行，为的是不让车声打扰国君。忠臣和孝子不会在大庭广众之下大肆宣扬自己的善行，也不会因在黑暗之中没有人能看到而改变自己的操守。蘧伯玉是我们卫国品行端正的大夫，仁而有智，对国家恪尽职守。他不会因为夜晚没人会看见就忘记礼节。"卫灵公派人去看，果然是蘧伯玉。这就是成语"不欺暗室"的典故。

一般人在别人能看到自己的时候，是比较容易做到言行有度、举止有礼的；但在别人看不到自己的时候，就不容易保持操守了。真正的君子，无论在什么时候、什么地点，都能做到言行如一，因而让人尊敬。

后世有通过修行而成圣成名的，如王阳明；也有本是名人，又通过修行让自己有了圣贤之气的，如苏东坡。

实际上，任何事情都是有窍门的，修行也是如此。

如果你不知道怎样提升自己的修为或者不知道拥有美德时内心是什么感觉，可以使用一个简便易行的方法——为自己找一个偶像。不要以为成年人不需要偶像，实际上偶像就是自己未来最想成为的样子，是自己的人生导师。找到偶像以后，将他们的思想、言语和具体的做法放进自己的心中，时时看，时时说，时时做，你的气质就会发生巨大的变化。

第8讲：改变命运的四个逻辑层次

在现实生活中，我们都见过业余选手和专业选手之间的区别。

业余选手的基本风格是散打、乱打，顾此失彼，有对有错，有得有失，有苦有乐，当然基本局面是苦多乐少，乐时在招苦，苦时在招灾，只能在业余选手当中比高低，面对专业选手时就不堪一击了。

专业选手往往会把一项活动变成技术体系。比如中国的国球乒乓球。我在与伙伴们散打、乱打时，只是粗浅地知道几个技术要领，后来结识了专业教练，才知道打乒乓球有上千个技术要点，在一场正式的比赛中需要谋划的内容简直犹如一部兵书。

这就是业余和专业的区别。一项运动都如此复杂，改变人的命运，更是需要了解相应的技术要点。若是只会一招半式就贸然行动，虽然会有一些效果，但最终恐怕很难达成自己预期的结果。

《了凡四训》全书分为"立命之学""改过之法""积善之方""谦德之效"四个部分，作者以自己的亲身经历，讲述了自己改变命运的经过。这就是改变命运的专业技术套路，这四个部分也构成了改变命运的四个逻辑层次。

第一个逻辑层次——立命之学

"立命之学"主要讲述了作者自己命运的故事。了凡先生自幼丧父，母亲命他学医。后来，他先遇到算命高人孔先生，孔先生精通"皇极数"，能预测人的未来命运。一开始，袁先生和很多人一样不太相信，但巧合的是，此后的20年，了凡先生的人生真的按照这位老者所算定的模式发展，连考试考第几名都十分精确地应验了。这让他笃信了"宿命论"，认为"荣辱死生，皆有定数"，从此没有了上进之心。

与此同时，孔先生还有两项预测让了凡先生十分郁闷：一是说他会在53岁时，寿终在家里；二是说他一生没有子嗣，他们家族的香火在他之后就断绝了，也就是我们很熟悉的"绝户"。从古人的观点来看，家中若是没有儿女，会让人尴尬，也很难交代：一是没有儿女就证明当事人德行太薄；二是无法完成家族传承，死后没脸见祖宗。

当然了凡先生还是很幸运的，因为他又遇到了云谷禅师，二人"对坐一室"，彻夜长谈，终使了凡醒悟，懂得了"命由我作，福自己求"的道理，知道了如何改变命运。于是了凡先生就从过去的笃信"宿命论"转向了相信"造命论"。

从此，了凡先生的人生信念发生了根本改变，他启动了人生的"修行模式"，将自己的生活、事业都当成了修行。他修正了自己的想法和行为，找到了短命和没有子嗣的根本原因，最终不仅生下了儿子天启，还将自己的寿命延长到了74岁。自然地，他也因为自己的修行而功成名就。一个普通人竟然改变了算命高人所算出来的命，听到的人无不啧啧称奇，也很羡慕和向往。

说起来，这"立命之学"有两个要点：一是在现实生活中践行圣贤思想，以圣贤为榜样；二是把自己的人生当成一场修行。

第二个逻辑层次——改过之法

既然人生开启了"修行模式"，那就要开始"修理"自己了。"改过之法"讲的就是改正自己过失的办法。过失会给自己拉仇恨、制造麻烦，让自己的人生不断贬值，留着它干什么呢？真心想改变自己命运的人，也就是真心想为自己好的人，当然要勇敢地、毫不犹豫地、持续不断地把自己那些卑劣的品性与言行改掉。

为此，了凡先生发了"三心"，即"惭愧心、畏惧心、勇猛心"。

先说惭愧心。惭愧心也就是羞愧心，这是让自己跟过去的人生一刀两断，绝不延续过去的错误，如孔子最得意的弟子颜回那样"不贰过"。这也就意味着，每一次犯过失之后经历反省，都让过失成为自己进步、升级的一个台阶。这很了不起呀！这不就是成圣、成贤、成道之法吗？说到这里，大家就明白成语"闻过则喜"的奥妙了吧。很多人之所以命运起伏不定，不就是因为他们在不断地重复过去的错误吗？在现实生活中，大部分人面对自己的过失时都会遮掩、自辩或者逐渐麻木，哪有什么惭愧心或者羞愧心呢？仅此一点，我们就能够窥见为何众人的命运会有所不同的一点奥秘了吧。

再说畏惧心。据说，聪明而有成就的人都谨慎，因为他们的心中有天道，有良知，有道德，有法律。鲁莽的人貌似勇敢，却成事不足，败事有余。愚蠢的人会以卵击石，硬往枪口上撞，自然不会有好的命运。

最后说勇猛心。有勇猛心表现为一旦知道了自己的过失，就绝不会得过且过，不会抱有侥幸心理，不会给自己找理由，而是立刻去改过。只要真正去改过，美好总会呈现的。现实生活中有的人知道很多道理，看起来也很厉害，但没有真正去践行，也没有勇猛心去改过，自然也就不会有收益。

了凡先生将改过分成了相互联系的三个部分：从事上改、从理上改、从心上改。如果没有从理上、从心上去改，只是从事上改，就去不了病根，治标不治本。总结起来就是：改过之法，就是清理内心，变废为宝。

第三个逻辑层次——积善之方

改过，重在清理生命中的垃圾；积善，重在积累生命中的营养与能量。在这一部分中，了凡先生讲述了十个因为积善而获得好报的故事。他打破了现实中很多人关于善恶的那种简单而又漏洞百出的想法，从真假、端曲、阴阳、是非、偏正、半满、大小、难易这八个方面，告诉我们伪善为何不灵验，真善为何有能量。

了凡先生还根据当时的情况，列举了十条可以行善的方法，并做了相应解释：第一，与人为善；第二，爱敬存心；第三，成人之美；第四，劝人为善；第五，救人危急；第六，兴建大利；第七，舍财作福；第八，护持正法；第九，敬重尊长；第十，爱惜物命。

第四个逻辑层次——谦德之效

这是《了凡四训》的第四部分，是改变命运的最后一个逻辑层次，更是能够让改变命运的逻辑螺旋上升、不断优化的关键环节。

君不见，现实中一些积德行善的人往往也会让人厌恶。正所谓"满招损，谦受益""天道亏盈而益谦"，第四部分"谦德之效"主要讲谦虚这项美德的效用，就是来破解积德行善之后可能产生的新问题的。中国人讲的道德，以老子的思想最为经典。老子在《道德经》中专门讲述了破解伪善的良方——"上善"；还讲解了真正的道德乃是"玄德"，这跟我们所听到的"阴德"很相似，否则，"一显就漏，一说就破"。

最后，了凡先生总结了整本书的内容，说明了改命要立志而行，命自我立，有了志向而努力，自然可以改变命运，只要以造福众人立命，只要以改过避免自己沦陷，只要持续积善让自己拥有强大的能量，只要始终保持谦虚谨慎、戒骄戒躁，那么，有志于功名者，必得功名，有志于富贵者，必得富贵。人之有志，如树之有根，立定此志，自然感动天地众生，而由自己创造出美好的命运。

一、立命之学

第9讲：遇见贵人时，你认得吗？

人来到世上，走南闯北，会遇到很多人，其中有一些人会对我们的人生产生重大影响。

首先，我们会遇到父母和其他亲人，心灵如同一张白纸的我们，会将他们的言谈举止刻录到心里。有人说，家庭是人生的第一所学校，父母是孩子的第一任老师。这所学校怎么样，这任老师怎么样，对我们人生的影响非常大。然而，很多现代人却往往疏忽了家庭教育的重要性。之后，我们会遇到更多的人，有老师、同学、同事、朋友等，他们身上的气息和能量都或多或少地会带给我们一些影响。

等到有了自己的小家庭，由于夫妻之间的特殊关系、接触交往的密度和深度，夫妻对彼此命运的影响十分深远。于是有人说，如果一个女人找到一个真心疼爱自己的丈夫，她一定会很幸福；如果一个男人找到一个温柔善良的妻子，他整个家族的命运就不会太差。反之，如果一个女人找到的是一个不上进、脾气恶劣、总在指责别人、没有道德底线的丈夫，她的生活将陷入水深火热；如果一个男人找到一个飞扬跋扈、自私狭隘、认钱不要命、总在抱怨指责的妻子，也就没有多少好日子可过了；如果夫妻两个都是有严重问题的人，那家庭氛围的糟糕就毫无悬念了，更糟糕的是，这样的家庭中，可能还有一个或者几个无辜的孩子，他们会生活在暴力、吵闹和惶恐中。

当然，只要我们自己的状态不是糟糕透顶，人生几十年中总会遇到一些善待我们的人，也就是我们所说的贵人。

在这一讲中，我们就一起来看看，了凡先生一生中遇到了几位贵人。

了凡先生童年丧父，与母亲相依度日。《了凡四训》全文有两处提到了自己的母亲，可见母亲对了凡先生的影响很深刻。

【原文】

余童年丧父，老母命弃举业学医，谓："可以养生①，可以济人，且习一艺以成名，尔父夙心②也。"

后余在慈云寺，遇一老者，修髯③伟貌，飘飘若仙，余敬礼之。语余曰："子仕路中人也，明年即进学，何不读书？"余告以故，并叩老者姓氏里居。曰："吾姓孔，云南人也。得邵子④皇极数⑤正传，数该传汝。"

【注释】

①养生：指维持生计。

②夙心：夙愿。

③髯：两腮的胡须。

④邵子：邵雍，北宋著名理学家。

⑤皇极数：指邵雍所著《皇极经世书》，该书是一部运用易理和易数推究宇宙起源、历史演化的著作。

【白话】

我童年丧父，母亲命令我放弃读书而学医，她说："学医可以维持生计，可以救人；况且你能够精通医术而成名于世，这也是你父亲向来的心愿哪。"

后来我在慈云寺遇见一位老人，他有长长的胡须，相貌非凡，飘飘若仙，我恭敬地向他敬礼。老人对我说："你本是官场中人，明年就会考上秀才，为什么不去读书呢？"我就把不读书的缘故告诉了他，并请教他的姓氏和住处。老人说："我姓孔，是云南人。我得到宋朝邵雍先生皇极数的正统传授，按照定数，应当把皇极数传授给你。"

【原文】

余引之归，告母。母曰："善待之。"试其数，纤①悉②皆验。余遂启读书之念，谋之表兄沈称，言："郁海谷先生在沈友夫家开馆③，我送汝寄学甚便。"余遂礼郁为师。

【注释】

①纤：细小的事情。

②悉：全部。

③开馆：开设学馆。

【白话】

于是我就请他到家里来，并且禀告母亲。母亲说："你好好款待他。"我们测试孔先生的皇极数，他所推算的，哪怕是微细的事情，都一一灵验。于是我就起了读书的念头。我去跟表兄沈称商量，他说："郁海谷先生在沈友夫的家里开学馆，我送你去寄读是很方便的。"于是我就拜郁海谷先生为师。

【原文】

孔为余起数^①：县考^②童生，当十四名；府考^③七十一名；提学考^④第九名。明年^⑤赴考，三处名数皆合。

【注释】

①起数：起卦。

②县考：又叫县试，由县令主持。

③府考：又叫府试，由知府主持。

④提学考：由提学主持的考试，考中者为秀才。

⑤明年：第二年。

【白话】

孔先生用皇极数为我推算，他说，我作为童生参加县考，当中第十四名；府考当中第七十一名；省考当中第九名。第二年赴考，三次考试取得的名次都与孔先生测算的一模一样。

前文中了凡先生提到与母亲直接相关的两件事：一是母亲让他放弃科举仕途学医，利人利己；二是了凡先生遇到孔先生，母亲要求他"善待之"。从这两点中，我们可以看出母亲对儿子的前途和为人的考虑与要求。可以说，了凡先生的第一位贵人就是自己的母亲，而了凡先生的第二位贵人就是孔先生。

孔先生建议了凡先生去读书，还要按照定数把中华文化中的皇极数传给了凡先生。了凡先生用自己的人生经历测试了孔先生的算法，惊奇的是，孔先生所算的了凡先生的过去和现在，竟然一一灵验。不管是在哪个时代，这都很令人惊叹哪！

【原文】

复为卜终身休咎^①，言："某年考第几名，某年当补廪^②，某年当贡^③，贡后某年，当选四川一大尹，在任三年半，即宜^④告归^⑤。五十三岁八月十四日丑时，当终于正寝，惜无子。"余备录而谨记之。

【注释】

①休咎：吉凶。

②补廪：增补为廪生。

③当贡：成为贡生。

④宜：应当。

⑤告归：辞官归乡。

【白话】

孔先生又为我推算终身吉凶，他说："你某年当考第几名，某年当补廪生，某年当做贡生。做贡生之后的某年，当被选派去四川做知县，在任三年半，就应当辞官归乡。五十三岁那年的八月十四日丑时，将在自己的卧房中去世，可惜没有儿子。"我就把孔先生的话一一写下来，并且慎重地记在心里。

【原文】

自此以后，凡遇考校^①，其名数先后，皆不出孔公所悬定^②者。独算余食廪米九十一石五斗当出贡，及食米七十余石，屠宗师即批准补贡，余窃^③疑之。后果为署印杨公所驳，直至丁卯年^④，殷秋溟宗师见余场中备卷，叹曰："五策^⑤，即五篇奏议也，岂可使博洽淹贯^⑥之儒，老于窗下乎！"遂依县申文准贡，连前食米计之，实九十一石五斗也。余因此益信进退有命，迟速有时，澹然无求矣。贡入燕都，留京一年，终日静坐，不阅文字。

【注释】

①考校：考试。

②悬定：预先算定。

③窃：私下。

④丁卯年：指1567年。

⑤策：策论，古时指议论政治问题、向朝廷献策的文章。

⑥博洽淹贯：学问渊博，思想通达。

【白话】

自那以后，我遇到的所有考试，取得的名次都与孔先生所推算的完全一致。唯独他算我食廪米九十一石五斗时当补贡生，而我食米七十余石时，学台屠宗师就同意我补贡，我私下怀疑这次做不成贡生，后来果然被接任的代理学台杨公驳回。直到丁卯年（1567年），殷秋溟宗师看到了我未被录用那次考试时写的试卷，感叹道："这五篇策论，就如同上呈给皇帝的奏折。怎么可以使这样有学问的读书人被埋没呢？"于是依据县里的申请文书，准许补我为贡生。这时候，加上此前所领的米，我领到的米正好是九十一石五斗。经过这件事情，我更加相信人生的进退浮沉都是有定数的，就连具体时间都已定。因此我对一切都看得很淡，不再刻意去追求什么了。我做贡生后，在燕京的国子监待了一年，整天静坐，不再读书。

至此，除了没有儿子和寿命长短没有印证之外，其他的事都被孔先生算准了。这实在是太神了！

可是，也正因为算得太准，了凡先生陷入了深深的郁闷。了凡先生遇到的这位孔先生，并没有告诉他人生问题的破解之法，反而让他添了心病。当然，我们都知道最后的结果了：关于了凡先生"寿命"和"子嗣"这两项，高人孔先生最终却失算了。

到底发生了什么？这就是这本书最有趣的一个地方：了凡先生深感郁闷时，幸运地遇到了人生的第三位贵人——云谷禅师，他让了凡先生开悟了，并且真的改变了命运。

各位朋友，你肯定也遇到过高人或者贵人，你是否能认得清呢？把你人生的每一步都推算精准，遇事却不给解法的，只能算是激发你的贵人！唯有那些能够引领你走向进步、升级和突破的人，才是你真正的、导师级的贵人哪！也许，最苦命的人，就是遇到了贵人自己却不知道的人。为什么会这样呢？原因是总是自以为是而封闭了自己，因虚荣而缺乏"受教"的能力。

第10讲：结交贵人是一门学问

　　每个人一生中都会遇到很多人，其中会有一些人对我们产生重大而积极的影响，我们称他们为"贵人"。他们会在我们生命中某些重要的时刻出现，如同我们人生旅途中的"掌灯者"，让我们的前方出现一片光明。

　　只是，贵人千面，功能万种，远远超出我们的想象。所以总有人感叹："我怎么就没有遇到贵人呢？我怎么总是遇到小人呢？"实际上，这就是着相了，也就是其思维一直停留在现象层面上。难道只有给你送钱财、送官位的才是贵人？给你送磨难、帮你戒除自己的贪欲与小聪明的就不是贵人了？你得到了钱财与官位，就一定会飞黄腾达吗？若是你得到了自己消受不起的钱财与官位，会有什么后果？

　　也许，每个人的一生中从来不缺少贵人，只是很多人缺乏识别贵人的眼睛。读过《了凡四训》的朋友可能会感慨："了凡先生的命真好，能够得到两位高人的指点。"若是这样来认识《了凡四训》，就落入了俗套。了凡先生的人生并不完全是因为有高人扶持才变得不同，根本原因是他自己有慧根哪！

　　实际上，无论是谁，都会遇到贵人，区别在于是否打通了与贵人的缘分。那么，如何打通与贵人的缘分呢？有以下七个要点。

　　第一，要知道，我们所遇到的每一个人，都有可能是我们的贵人。

第二，遇到贵人时要敞开心扉，主动接受他的指点和建议，而不是去挑剔和非议。

第三，面对贵人，要主动地亲近他、善待他，让他看到你的本心和底色。

第四，要用心领悟他给你提出的建议，按照他的建议去做。

第五，用恰当的语言和行动表达你对他的感激。

第六，在他遇到别人的冷遇或者不友善时，要给予他支持，替他化解。

第七，要与他建立起一种深厚的情感关系，对他没有怀疑和排斥，唯有接纳和感动。

结交贵人是人生中一门很特殊的学问，也是对一个人心灵功夫的检验。要做好这门学问，还要注意以下几点。

第一，人的命运有两种程序。

人的生命如同一部机器，这部机器中至少会安装两种程序：一是先天的秉性与天赋，这是每个生命的基底，甚至可以说是一种本色；二是后天的接收与"被安装"的程序，也就是出生后受到的影响和被体系化安装的程序。每个人的命运基本上都是由这两种程序影响或者决定的。

第二，认识命运图景。

人的命运往往与前期积累下的人脉关系和当下遇到的人有重大关系。在我们生命中出现的各种人和建立的各种关系，构成了我们如丝网般的命运图景，而人就如同在丝网上爬行的蜘蛛。正如马克思所言，人的本质就是一切社会关系的总和。自然，组成这个"如丝网般的命运图景"的"丝"和形成的"结构"的不同，就决定了那个时段中我们的喜怒哀乐、悲欢离合、得失顺逆。

第三，看清相遇福祸。

在我们大多数人的认知中，贵人是无条件地对我们好，多次帮我们忙，对我们的人生产生积极影响的人。实际上，这是世俗之见，是我们用俗眼看世界的结果。很多人不明白，人生命运的真相是：在每时每刻，都会有贵人环拱——静静地等着我们出现某种状态，他们方会出手完成他们对我们的使命，然后就会从我们的生活中消失。如果我们看不懂，贵人就会换着身份不断地出现在我们的生命中，直至我们觉醒或者死去才会离去。但是，我们也可能会遇到对我们产生重大消极影响的人，犹如撞见了一只恶魔，会让人的生命转向负面或者罪恶的方向。

第四，警惕圈子陷阱。

生命的真相是人人都活在圈子里。圈子的性质，会决定那个时段的命运状态。低级而同质性的圈子，往往会变成禁锢人的"桎梏"或者"圈"（此处读juàn，意为人把自己变成了圈养的动物）。"圈养"有以下四种特征：一是将同圈里的人视为"自己人"；二是物质利益"内循环"，精神内涵"江湖化"；三是不良的利益深度连带，使同圈里的人变成同谋或同一根绳上的蚂蚱；四是同圈里的人对彼此相似的缺陷和错误进行集体性的"合理化"，达到"集体屏蔽"的效果，说得通俗一点就是臭味相投、互不嫌弃，于是就在嬉笑中一起做坏事。

现在很多人建立的都是同质性的圈子，在这个圈子中都是跟自己很类似的人，会让人感到很亲切，会因为利益连带而产生都是"自己人"的感觉。实际上，跟自己类似的人，往往会彼此强化、加固过去的"旧我"，这是每个生命进化过程中最大的威胁。同质性很强的人聚在一起，会减缓生命进化的速度。由此我们可以知道，寻找跟自己不一样的人，学习他们身上自己不具备的优点，学会跟那些与自己不一样的人相处，才能够真正促进自己的进化，让人从小我走向大我，直至无我。任何一个给你一种新的视角、新的知识、新的体验的人，都可能是帮助你完成生命更新的贵人。

第11讲：名师开悟，你接得住吗？

　　很多人都听过这样一句话："读万卷书不如行万里路，行万里路不如阅人无数，阅人无数不如名师指路，名师指路不如心灵开悟。"这句话强调了五个重要观念：读万卷书、行万里路、阅人无数、名师指路、心灵开悟。五个观念中间用"不如"一词来连接，这不是简单地用后者否定前者，而是一种向上递增的关系；否则，最高的境界"心灵开悟"就成了空中楼阁。

　　"读万卷书"说的是，在文化与思想的传承方面，我们不能平地起高楼，而是要在继承的基础上发展与创新。"行万里路"说的是，我们要开阔视野，走进自然，深入社会，触摸人心，而不能只坐在书斋里臆想世界。"阅人无数"说的是，我们要通过与各种各样的人交往来观察现实的生命，并寻找自己与各种不同生命的全方位的接口。"名师指路"说的是，人在自己的人生旅途中若能得到名师指引，就会少走很多弯路，可以提高我们做事的效率，加快我们成长的速度。"心灵开悟"说的是，前述四个过程最终都指向每个人自身的精神自由，也就是心灵的开悟。开悟的关键是打开自我，走出自我、旧我和小我，走进人和事物的本质，掌握规律并自如地运用规律。

　　了凡先生人生中的第三位贵人，就引导了凡先生走上了开悟的历程。

【原文】

己巳①归②，游南雍③。未入监，先访云谷会禅师于栖霞山中，对坐一室，凡三昼夜不瞑目。

【注释】

①己巳：指1569年。

②归：回到家乡。

③南雍：指南京的国子监。

【白话】

己巳年（1569年）我回到家乡江南，去南京的国子监求学。入学之前，我先到栖霞山去拜访了云谷禅师。我们面对面坐在一间禅房里，三天三夜都没有合眼。

　　寥寥数语，就提到了云谷禅师。云谷禅师是一位高僧，虽然我们不知道了凡先生是怎样结识云谷禅师的，但无论如何，能够结交到大修行者，绝对是人生中一份无法估量的财富。

【原文】

云谷问曰："凡①人所以不得作圣者，只为妄念②相缠耳。汝坐三日，不见起一妄念，何也？"余曰："吾为孔先生算定，荣辱生死，皆有定数，即要妄想，亦无可妄想。"云谷笑曰："我待③汝是豪杰，原来只是凡夫。"

【注释】

①凡：大凡，大致。

②妄念：妄想，不切实际或不正当的念头。

③待：当作。

【白话】

云谷禅师问道："大凡人之所以不能成为圣人，只是因为各种胡思乱想把他缠住了。而你坐了三天三夜，竟然没有产生一丝一毫的妄想，这是为什么呢？"我回答说："我的命运已经被孔先生算定，荣辱死生，都已命中注定，我就是要胡思乱想，也没有什么可想的。"云谷禅师笑着说："我还以为你是个了不起的人物，原来只是一个凡夫俗子。"

了凡先生的状态终于被云谷禅师看得一清二楚——是一个心灵被困住了的凡夫俗子在打坐。

实际上，云谷禅师所问的问题背后藏着禅机。

我们来拆解一下这个禅机中的四个逻辑层次。

第一个逻辑层次：悟道成圣的人，都是去除了妄想执念的人。若是做不到这一点，就不能悟道成圣。

第二个逻辑层次：很显然，了凡先生没有悟道成圣。

第三个逻辑层次：了凡先生没有悟道成圣，但连坐三日，竟然也没有产生任何妄想执念。

第四个逻辑层次：了凡先生没有成圣，又连坐三日不起一丝妄念。云谷禅师心中已有了答案：这就是典型的"枯坐"和"死坐"。这是凡夫俗子打坐时经常犯的一种典型错误。

【原文】

问其故，曰："人未能无心，终为阴阳①所缚，安得②无数③？但惟凡人有数；极善之人，数固拘他不定；极恶之人，数亦拘他不定。汝二十年来，被他算定，不曾转动一毫，岂非是凡夫？"

【注释】

①阴阳：指天地万物。

②安得：怎能。

③数：注定的命运。

【白话】

我问云谷禅师为什么认为我是个凡夫俗子，云谷禅师说："一般人还不能消除虚妄的世俗之心，总是在不断地攀缘外境，思虑事物，所以终究要被天地万物束缚住，怎能没有命数？但是，只有凡夫俗子的命数才是注定的；极善的人，命数限不住他；极恶的人，命数也限不住他。你这二十年来的命运，都与孔先生测算的一模一样，不曾有一分一毫的改变，你不是凡夫俗子又是什么呢？"

凡夫俗子与极致之人，其生命模式大不相同：凡夫俗子的命运是一条平缓的直线，心灵似乎在休眠，肉体又被外境所控制，就如同一个木偶；极善之人和极恶之人的内在力量非常强大，于是就改变了命运那条平缓的直线。当然，极善之人向上，走向了光明与正道；极恶之人向下，走向了阴暗与邪路。

【原文】

余问曰："然则数可逃乎？"

曰："命由我作，福自己求。《诗》《书》所称，的为明训①。我教典②中说：'求富贵得富贵，求男女得男女，求长寿得长寿。'夫妄语乃释迦大戒，诸佛菩萨，岂诳语③欺人？"

余进曰："孟子言：'求则得之，是求在我者也。'道德仁义可以力求；功名富贵，如何求得？"

云谷曰："孟子之言不错，汝自错解了。汝不见六祖④说：'一切福田⑤，不离方寸⑥；从心而觅，感无不通。'求在我，不独得道德仁义，亦得功名富贵，内外⑦双得，是求有益于得也。若不反躬内省，而徒向外驰求，则'求之有道，而得之有命矣'，内外双失，故无益。"

【注释】

①明训：极好的教诲。

②我教典：指佛教的经典。因为云谷禅师是佛教中人，所以称佛经为"我教典"。

③诳语：假话。

④六祖：指禅宗六祖惠能。

⑤福田：福祉。

⑥方寸：指人心。

⑦内外：指内在的仁义道德与外在的荣华富贵。

【白话】

我问道："那么，可以逃得过已经注定的命运吗？"

云谷禅师说："命运的好坏是我们自己决定的，福祉也要我们自己去追求。《诗经》和《尚书》中所讲的这个道理，的确是极好的教诲。佛教经典中说：'追求富贵的人就能得到富贵，追求儿女的人就能得到儿女，追求长寿的人就能得到长寿。'说假话乃是佛教中的大戒，诸位佛祖和众多菩萨怎么会说假话来骗人呢？"

我进而问道："孟子说：'去追求就能够得到，这是因为追求的关键在于我自己。'只要我努力，就可以求得道德仁义；功名富贵又怎么能够求得呢？"

　　云谷禅师说："孟子的话没有说错，是你自己理解错了。你没听过六祖惠能这样说吗？他说：'所有的福祉都离不开内心的追求；向自己心头去寻求，就一定能够得到。'自己去求，就是要断恶积善，这不仅内得道德仁义，外亦得功名富贵，内外双得，这样的求是有效的。如果不反省自己的过失，而是一味地向外追求，那就要听天由命了，而且内不得道德仁义，外不得功名富贵，内外双失，这样的求是没用的。"

　　这段对话真是精彩至极，云谷禅师帮了凡先生解开了两个心结：一是命数是可以破解的；二是破解的法门，就是要向内求。"内求"可谓是中华文化中的核心法门之一，如六祖惠能所说，世间的一切福祉，都离不开自己的心，只要向自己的内心去寻找，就无不感天动地而顺利得到。

　　如果你感觉自己的心中没有那种破解自己的命数求得福祉的神奇的力量，那就启动一种强力的程序吧：借助外力，把圣贤伟人强大的智慧能量装进自己的心中，时时诵读，深刻理解，处处践行，命运的改变就会由此发生。

第12讲：能对症下药的才是好医生

　　大多数中国人对中医都有一些了解。中医既对人体健康与疾病有系统的认知，也会针对具体个案进行个性化的处理。即使是类似的症状，在病因、病机等方面也是有差异的，因此，中医诊病治病一定是辨证施治、一人一案、一病一方，针对性极强。

　　中医治病，首要的是治人，因为你是什么样的人，就会得什么样的病，不治人就很难真正治好病。实际上，除了常见的身体的疾病，人类还会患很多心理疾病，甚至还有"灵魂病"。了凡先生就患了"灵魂病"，幸运的是他遇到的云谷禅师不仅是一位良师，还是一位良医。

　　那么，云谷禅师是如何有针对性地治疗了凡先生的"灵魂病"的呢？如果有人如云谷禅师那样告诉你"灵魂病"的原理，你是否能找出自己的病因与治法呢？下面我们就来看一看了凡先生是如何在名师的指点下，开启心智，走上觉醒之路，最终找到无子六因的。

【原文】

　　因问："孔公算汝终身若何？"余以实告。云谷曰："汝自揣①应得科第否？应生子否？"余追省②良久，曰："不应也。科第中人，类有福相③，余福薄，又不能积功累行，以基厚福；兼不耐烦剧，不能容人；时或以才智盖④人，直心直行，轻言妄谈。凡此皆薄福之相也，岂宜科第哉？"

【注释】

①自揣：自己估量。

②追省：反省。

③福相：有福气的相貌，此处指能给自己带来福祉的品德、言行。

④盖：超越。

【白话】

云谷禅师接着问我："孔先生算你这一生的命运是怎样的？"我如实回答了他。云谷禅师说："你自己估量，你是否应该获取科举功名？是否应该有儿子？"我反省了很久，才回答说："不应该。能够获取科举功名的人，大都有福相。我没有福相，又不能积累功德、力行善事来培植获取厚福的根基；另外我不能忍受纷杂繁难的事务，度量狭小；有时还会凭借自己的才智压制别人，随心所欲，轻言妄谈。这都是福气薄的表现，我怎么能获取科举功名呢？"

【原文】

"地之秽者①多生物，水之清者常无鱼，余好洁，宜无子者一；和气能育万物，余善怒②，宜无子者二；爱为生生③之本，忍为不育之根，余矜惜名节，常不能舍己救人，宜无子者三；多言耗气，宜无子者四；喜饮铄④精，宜无子者五；好彻夜长坐，而不知葆元毓⑤神，宜无子者六。其余过恶尚多，不能悉数。"

①地之秽者：粪土多的地方。

②善怒：爱发脾气。

③生生：生生不息。

④铄：销毁。

⑤毓：养育。

【白话】

"粪土多的地方能生长出很多东西，干净的水中常没有鱼，我过分爱干净，这是我不应该有儿子的第一个原因；和气能够养育万物，而我爱发脾气，这是我不应该有儿子的第二个原因；仁爱是万物生生不息之本，狠心刻薄是不能养育之因，我只顾爱惜自己的名节，常因放不下自己的身段而耽误救人，这是我不应该有儿子的第三个原因；我平时说话太多，消耗了自己的精气，这是我不应该有儿子的第四个原因；我喜欢饮酒，消耗了自己的精力，这是我不应该有儿子的第五个原因；我经常整夜地静坐，而不知道保养元气、爱护精神，这是我不应该有儿子的第六个原因。我其余的过失还有很多，不能一一列举出来。"

通过了凡先生的经历，我们可以总结出以下五个要点。

一是要有自知之明。要知道自己的知识与智慧是有限的，如果只相信自己所拥有的有限知识与智慧，就会长期处于故步自封的状态而不能前行。

二是要善于求知问道。在陷入困顿的时候，要主动去请名师指引自己。否则，就会更加困顿，如同打了一个死结，越拉越紧。

三是要勇敢内视。了凡先生在云谷禅师的引导下，勇敢地找到了自己内心六种肮脏的能量与自己的厄运之间的因果关系，并十分坦诚地说了出来，这是十分不容易的。很多人总是遮遮掩掩，不敢将自己的缺点呈现给别人看，不敢让它们见阳光，于是缺点就在阴暗中继续繁衍，造成不可挽回的损失。

四是要坦诚上请。孔子曾经谈到"不耻下问"，与之对应的就是"坦诚上请"，也就是不畏惧，不遮掩，不逃避，不怕露丑，坦诚地向高人请教。

五是要紧跟高人的脚步前行。在高人的引领下亦步亦趋，如同小时候拉着父母的手前行一样，就能走上开悟的历程，最终找到让自己命运处在困顿状态的那些内在的错误，并通过改变自己内在的思维与品德，改变外部呈现出来的命运的样子。

第13讲：被算准了是怎么回事？

　　我年轻的时候，对看相、算命之类的事情很好奇，觉得很有趣。但由于我受过科学训练，我的理智告诉我，对这类事情不可盲目地相信，要谨慎地探索。经过多年的探索，我对命运有了一些自己的认识与理解，接下来我就与各位读者分享我所理解的命运之道，看看算命被算准了究竟是怎么一回事。

　　首先，"算得准"实际上就是算得浅。

　　对于拥有丰富的人生经验并掌握了一定的方法与技术的人来说，一个处在初级或比较稳定状态的生命就如同一张图画，一切都展现在眼前。孔先生之所以能够把了凡先生的事情推算得那样精准，一方面说明孔先生将皇极数运用得很娴熟，另一方面也说明了凡先生当时处在一种初级和比较稳定的状态，孔先生看了凡先生就是一种俯视，用现在流行的话说，这叫"降维打击"，是高维对低维的俯视。如果一个人自身没有大的变化，那么他的命运就是一条"直线"，以他过去的经历来推断未来，算得就会很准。如果有强大的力量介入命运，那么命运就会形成一条"波浪线"；如果笃定修行，那么命运就会形成"螺旋上升线"。因此，按照过往信息算出来的最多算是过去的命运，而不能等同于未来乃至全部的命运。这是很多人没有深入思考的，或者是想不明白、容易搞混的。

当然，"命"有先天与后天两部分，若是将一切都归于先天，人就成了待宰的羔羊。"运"完全是后天的，如同一个冲浪者，面对各种变化，是否能够保持朝着正确的方向前进，这才是关键。也许，让人们能够一直满怀信心地活下去的不是"命"的直线式的既定性，而是"运"中存在的那种不确定的、可以改变的空间。如果有什么东西可以让每个人都感到兴奋，那多半就是能够改变命运的方法。

其次，对于算命的结果，我们一旦信了，就会自己骗自己，即所谓的"自动自洽"——在潜意识里让自己的"信"能够成立。

请高人算过命的人，对高人所描绘的自己的命运景象无不感到惊讶。当推算一次次被验证时，人们也会产生绝望感，掉进"宿命论"的陷阱。当时的了凡先生，就进入了这种状态。

运用皇极数推算一个人的命运，这是中华文化中一门很特殊的学问。人的命运是人与客观世界一次一次互动之后呈现出来的一种形态。为一个成年人算命，就是把他先天的和后天的一系列生命要素的运动过程呈现出来，让他自己来看。只是很多时候算命的人不会说明为什么会这样，所以人们会越发觉得命运很神秘，很难知晓清楚，也无法制定一个长远的战略来优化自己的命运。

现实中的人总是对自己的现状不满意，总想找一些办法来优化自己的命运，也运用自己掌握的知识尝试做了很多努力。我们来看几个小案例。

案例一：王总捐了很多钱，希望神灵能够保佑自己平安，并让自己赚更多的钱。把自己的钱捐出去，这种行为有一种强烈的自我暗示，若是真的恰好求有所得，就会得出一个结论：求神很灵验哪！是不是人们捐了钱，就会获得神灵的保佑，在生活中一切顺利呢？若是世间真的有神灵，神灵会因为有人捐了钱，就保佑这些人获得更多的金钱吗？显而易见，这都是红尘中的俗人自己总结出来的道理。我们只听王总说捐钱求神灵保佑灵验了，但我们不知道的是，他只说了灵验的那一两件事，不灵验的事情他都没说。

案例二：刘总天天念经磕头，虔诚无比，心中只有一个念头，就是希望通过自己的这份虔诚，能够让神灵保佑自己平安，让自己赚更多的钱。大家想一想：如果神灵真的存在，会奖励这样一心为自己，而且贪婪无度的人吗？

案例三：叶总很聪明，也做成了不少的事情，但也有不少的苦恼。有一次，他遇到了一个重大的挫折，心中愤愤不平，总觉得有人在背后整他。他平时挂在口头上的话就是"我什么也不信"，实际上他还是相信靠自己的聪明是能够取得个人成功的。可在自己想不明白时，他也走到了那些宗教场所，去磕头，去上香，去捐钱，希望神灵能够帮他解开一些难题。很显然，这就是老百姓常说的"临时抱佛脚"，也就是平时不学习、不修行，等遇到事了再去求助，会灵验吗？

案例四：王先生是一位官员，工作能力比较强，也有些高傲。他很爱护部下，却经常对抗上级领导，总觉得上级领导还不如他的水平高。多年以来，他一直没有被提拔，心中很是郁闷。他偷偷地找人算过命，结果算完之后更郁闷了。实际上，王先生的这种状况还需要算命吗？他心中的那份孤傲正是影响他命运的那个"毒瘤"，他爱护部下是居高临下的，他对抗上级似乎也是居高临下的；他把自己的能力看得太重，看不到别人的长处和优点，陷入了自以为是的困境中。若是不改变这一点，算命又有何用？

找高人给自己算命的人，往往是遇到了自己无法理解的现象或者不满意的事情，想请高人为自己解惑或者帮自己找到破解的方法。但结果往往是越算自己越糊涂，越算自己越混乱：若是被算准了却没有破解之法，就会让自己更加绝望；若是高人信誓旦旦地给出了破解方法，自己实行起来却不奏效，也会让自己进入更加混乱的状态。

如果算命先生算得准，那是因为他对你过去和现在命运的运动规律有所了解，从各种迹象推算出来的。但是我们要明白，"命运学"中最高的学问不是简单地总结过去，更不是直线式地预测未来，而是优化自己的命运，让自己的命运变得越来越好。若是不懂得这个道理，而只是沉迷于算命之类的事，那未来的命运可能就会真的出现问题，而且有可能是更大、更难以解决的问题。

孔先生为了凡先生算了命，而且算出的很多内容都应验了。如果了凡先生走不出被孔先生算定的命运，也就不会有《了凡四训》了。由此可见，《了凡四训》之所以被誉为"第一善书"，就是因为了凡先生通过自己的人生经历找到了破解命运定数和优化自己命运的方法。

第14讲：长什么样才是有福的相？

在现实生活中，人们常常会说起"贵人福相"这个话题。所谓"福相"，除了指有福气的相貌，还包括能为自己带来福祉的品德、言行。那种发自内心深处，呈现在脸上、身姿和表情中的风度，恐怕只有靠自己的修行才能出现。

接下来，我们谈谈了凡先生提到的"科第中人，类有福相"这个话题，看一看云谷禅师对此有什么看法。

【原文】

云谷曰："岂惟科第哉！世间享千金之产者，定是千金人物①；享百金之产者，定是百金人物；应饿死者，定是饿死人物；天不过因材而笃，几曾②加纤毫意思？即如生子，有百世之德者，定有百世子孙保之；有十世之德者，定有十世子孙保之；有三世、二世之德者，定有三世、二世子孙保之；其斩③焉无后者，德至薄也。"

【注释】

①千金人物：应该得到千金家产的人。

②几曾：何曾。

③斩：断绝。

【白话】

云谷禅师说："岂止科举考试是这样呢！世上享有千金家产的人，一定有能与千金家产相匹配的德才；享有百金家产的人，一定有能与百金家产相匹配的德才；那些被饿死的人，一定是应当受饿死报应的；上天不过是依据他们的德才，如实地把他们应有的祸福呈现出来罢了，哪有自己的倾向掺在里面呢？比如生儿子这件事，积累的功德能够荫蔽百世子孙的人，一定有百世子孙去保护、祭祀他；积累的功德能够荫蔽十世子孙的人，一定有十世子孙来保护、祭祀他；积累的功德能够荫蔽三世、二世子孙的人，一定有三世、二世子孙来保护、祭祀他；那些断绝后代的人，他们积累的功德一定很少哇！"

在这段话中，云谷禅师讲得可谓是层层递进，从一般的法则讲到具体事物的法理，这是一种开悟之人智慧的教法。从了凡先生此前的一番话中我们可以看出，他还没有真正看清"心"与"相"的因果关系，尽管说出了自己福薄的一些原因，但结论依然是说自己福薄。在当时的状态下，了凡先生看似已经知晓了什么，但是还不十分清晰。实际上，每一个人的心的状态，也就是心中装着的那些能量，决定着一个人的相貌与福报。我们绝不能为自己下一个福薄的定义，一定要明白这不是定数。我们内心的那些信念、观念以及它们演化出来的外在的状态和做法，才是决定我们命运的根本因素。

云谷禅师的话，涉及个人命运中两项非常重要的内容：功名与生子。

先来说说功名。世人大都不知，功名包括两个部分：一是内在的功力，二是外在的功名。"内在的功力"并非一般意义上的道德品质，而是一个人此生给自己选定的角色和灵魂的高度。有的人把自己设定为普通人，因此，一切忙碌都是为了功名利禄，这样的人内在功力就非常低。有的人将自己的生命与国家、民族的命运联系在一起，在真理面前将自己设定为一个修行者，在大道面前将自己设定为一个使者，仅此一念，内在功力就非常博大、高远，这样的生命，就拥有了吸纳智慧、克服千难万险的勇气，自然也就会拥有外在的功名。很显然，内在功力决定着外在功名，人们给自己选定的人生角色决定了他们的人生道路。

再来说说生子。古人将生子这件事与个人的内在德行和身体状态联系在一起，他们认为生子不仅涉及家族香火的延续，还关系到一个民族是否能够兴旺发达，这是有一定道理的。当代人，尤其是生活在城市里的人，对于繁衍自己的后代看得没有古人那么重，很多人不愿意再为了民族的未来而繁衍后代，这样的做法对于国家的长远发展是有不利之处的。所以，我们不能将生子这件事情简单地视为一种封建或者落后的传统。对于这一点，若是不能及时觉醒，就可能会导致极其严重的后果。此外，我们还要警惕一种论调：鼓励优秀的人、富有的人多生孩子。实际上，社会上的很多精英都来自并不那么优秀、不那么富有，甚至非常落后和普通的家庭，这样的生命拥有一种十分强大的向上的生命力。人，无论是优秀还是普通，无论是富有还是贫穷，在天地大道的规律面前都是平等的。反之，那些优秀的人若是不培养孩子吃苦耐劳的精神，若是不能够立志为贫困的人去奋斗，恐怕就会导致后代的退化。

在中华文化中，有"阳善"与"阴德"之说。行善而为人所知的，就是"阳善"；行善而不为人所知的，就是"阴德"。积"阳善"，会享受世上的荣誉，这更多是自己享用的。积"阴德"，天地大道的规律将给以福报，"阴德"也是留给后世子孙的道德财富，能够福泽子孙。这是一个非常重要的话题，涉及以下四个要点。

第一，中华文化所推崇的道德并不是一人一家的独活，而是倡导人们将自己的命运与国家、民族的命运联系在一起。只有这样，才能取得真正的、伟大的成就。

第二，每个人、每个家族现在所做的一切，包括所行善恶和所遇福祸，都会构成家族记忆，流传后世。因此，每个人都要有一种意识：现在所做的事，不仅影响自己，还会影响自己的亲人；不仅影响当世，还会影响未来。

第三，很多人也想做好家族的传承，但不知道该传什么，于是传家业、传财富、传功名。历史证明，这样的做法多半会贻害自己的后世子孙。中华文化是中国人上万年的文化积累，在历史中得以验证，从中我们知道：能够传承和让子孙富有的唯有道德和由此决定的灵魂力量。当然，除了"阳善"，还必须有雄厚的"阴德"。

第四，想想我们中华民族的繁荣昌盛，想想如今的盛世，这是多少圣人先哲和伟人英雄们的阳善阴德所滋养起来的呀！他们的伟大，在于他们超越了自己的小家和自己的家族，而扩展到了国家和民族。因此，伟人、英雄、圣人，都是与国家、民族共命运的，是不能用小家的思维去评价他们的；否则，只能证明评价者自己的小气。

第15讲：改变命运的核心法门

命运是人生中绕不开的一个重要话题。谈到命运时，人们大多会觉得神秘、难以捉摸。实际上，我们也知道，任何存在的事物都是有规律的，只要深入研究，就有可能把握其中的规律。从这个角度来说，人生的命运问题，实则是一门复杂的系统科学，我们把它叫作"命运学"。接下来，我们就继续深入到奥秘无穷的命运之中，进一步摸索命运的科学规律。

一、每个人的命运中都有两个数，一个是定数，一个是变数。

很多人相信定数，却看不见变数。看不清楚定数的人，徒劳地挣扎；看不清楚变数的人，无法识别变化的规律，所以只能无奈地应付，唉声叹气地感叹，一次次错过让自己重生的机遇。

所谓生命中的"定数"，实际上也就是生命中的"存量"，是我们所积累的各种各样的信息、知识、信念与能量，这些综合起来又会汇聚成我们自己的信念、价值观、思维方式和性格。这些存量会进一步固化成一种模式，形成一种心理上的定式或习惯。这样的定式或习惯有三个基本的特点：一是它属于过去的积累，并不能包容未来；二是它有自己的惯性和惰性，人们会自动为它加固和进行辩护；三是它会兼容与过去相类似的东西，但会排斥那些陌生的新鲜事物。所以这个定数，一旦形成定式，就会成为阻碍生命进步的障碍。

所谓生命中的"变数"，实际上是未来将会出现的不断补充和升级我们的定数的新信息。把定数变成定式的人，不能够识别这些新的信息的价值，往往还会删减、改编，或者干脆拒绝这些新的信息，以便维护自己的定数和定式。这也许就是人这一生中做的最愚蠢的事情，自认为正确却又不断制造着自己不想要的结果，于是陷入了"想法正确—结果错误—别人错误—自己正确—自己痛苦"这样一个很滑稽的、如同心魔一样的心智陷阱。

了凡先生从14岁到34岁，20年间遇到了生命中两个重要的人物，一个是孔先生，一个是云谷禅师。作为一个修行者，云谷禅师用生命体悟了人生命运秘密的修行大德，开启了凡先生改变命运的历程。如果说孔先生为了凡先生算出了他命运中的定数，那云谷禅师就为了凡先生引入了改变命运的变数。

了解人生命运中的定数，我们便知道了自己过往所形成的"惯性"。若是我们能够遇到一种改变命运方向和体系的变数，就能够进入命运中的"创造性空间"，亲手创造自己未来的命运——这是人生中多么幸运的事呀！能够静心读完《了凡四训》的人，就能够发现这个伟大的变数，把人生中最幸运的程序安装在自己的生命中。

二、在自己命运的问题上，普通人很容易陷入以下三种困境。

第一种困境是狭隘地相信命有定数；第二种困境是被动地应对着生命中的变数；第三种困境是找不到破解的法门，即使相信善良，也没有上升到极善之人所拥有的那种顺应变化和吸收变化能量，掌握变化规律，提高自己的智慧的方法。

云谷禅师对了凡先生的开示，让我们明白了一个道理：如果一个人的心没有开化，没有觉醒和觉悟，他就会向外求索自己命运的答案，此时的人生和生命，就如同在波峰浪谷之间颠簸的一艘小船，又如同随风飘落的一片枯叶。因此，心还没有开化的人，其命运就呈现为一种比较固定的形态，也就是定数。心已经开化的人则参透了人间极善的智慧，让自己的命运出现了一种极其强大的自己可以掌控的力量，于是成为自己命运的主宰。

三、将外求改为内求，犹如颠倒乾坤。

中华文化中有两个不同的方向：一个是内求，另一个是外求。内求就是求自己，这是中华文化中所标定的正道。外求就是求外物、求别人，这就是中华文化中所说的"外道"。

许多人看到"求"这个字的时候，往往想到的都是外求。凡夫俗子大多外求，而修行者都知道只有内求才能获得真正的智慧。中国智慧中有一个重要的法门：能够逆俗而思，反向行动并合于正道的，就是真正的智慧。有弟子问六祖惠能："师父，道在哪里呀？"六祖惠能回答道："道在汝心，心外求法，皆是外道。"孔子也说过类似的话："君子求诸己，小人求诸人。"

实际上，内求和外求的问题涉及人生命运的核心逻辑。"内决定着外""外是内的显形""内外相互映衬"，这就是关于命运最精练的表述。意思是：内因，也就是我们的内在，是启动性的、决定性的第一因，而我们看到或者感受到的命运，只是由内在的那个"命运第一因"所决定的外部性表现形式。因此，要想改变命运，就要从内因下手。如何观察和知晓我们的内在呢？有两种方法：一是内观或者自省，二是通过外部反推内部。这些话，说起来简单，但真正要做起来，却需要修行的功夫。若是没有足够的修行功夫，那可能就要寻找外援来助力了。

四、为何内求很难？我们在做什么？我们是如何耍弄自己的？

作为一个道理，内求很简单，但真正做起来却很不容易，有以下七个原因。

第一，内在的我们，有一堆我们自己都说不清的念头，这些念头是肉眼看不见的，是难以观察的。

第二，内在的我们，有强大的自我保护机制，也就是心理学上所说的"心理防卫机制"，认为只有自己是对的，自己说的都是合理的，与自己不一致的观点和想法都是错误的。

第三，一旦遇到问题，我们就会本能地启动外部归因模式，认为这不是自己的错，而是别人的错，是客观原因导致的错误，那是我们主导不了的，所以我们不用承担责任。

第四，正因为我们认为错的不是自己，所以往往会认为要改变的不是自己，而是他人或者外界。

第五，我们认为自己要求他人或者外界改变是合理的，只是他们达不到我们的要求，又继续犯错了，所以才导致我们正确的想法无法落实。

第六，有时我们也会想到自己的错误，但不敢承认，似乎一旦承认自己有错误就是耻辱的，所以要遮掩。实际上，遮掩错误只是掩耳盗铃，会让错误继续存在，被众人看穿后就会出丑。说得简单点，掩盖自己的错误就是"无耻"——一种真正缺乏羞耻心的表现。

第七，做成任何事情都需要有意志，如果任凭低级的错误惯性般地持续，没有毅力走上新生的道路，就是在给自己的人生设置障碍。

能看出来了吧？我们的大脑很会运作，让自己一直处在正确的位置上。可是，外部的人、外部的环境，又不是我们可以完全操控的。既不想改变自己，又无法完全地改变他人和外界，于是人生就遭遇了各种各样的苦闷，乃至灾难。读《了凡四训》，会让我们一点点解开自己命运背后的秘密。

第16讲："新命"是如何启动的?

　　每个人都想让自己的命运变得更好。从道理上来说，每个当下都是我们改变命运的契机；但从现实层面来说，绝大部分人的当下，只不过就是过去的延伸，是对过去的复制。由此可见，我们改变命运的愿望和当下的实际行动之间，似乎隔着一条鸿沟。我们能找到跨越这条鸿沟的桥梁吗?

【原文】

　　"汝今既知非^①，将向来^②不发科第，及不生子之相，尽情改刷。务要积德，务要包荒^③，务要和爱，务要惜精神。从前种种，譬如昨日死；从后种种，譬如今日生：此义理再生之身也。"

【注释】

　　①非：过错。

　　②向来：过去。

　　③包荒：包容。

【白话】

　　"你现在既然知道了自己的错误，就要把以往导致你科举不成功、不生子的毛病彻底改掉。一定要积阴德，一定要包容别人，一定要和气慈爱，一定要爱惜精神。以前的各种思想与行为，就像已经于昨天消失了；从今以后的种种言行，就像今天刚刚重生：你就等于获得了崭新的仁义道德之身哪。"

云谷禅师在这里针对了凡先生的个人问题，开出了一个所有人都能用的药方。这个药方可以概括为"四个务必"，就是：务必要积德，务必要包容，务必要和气慈爱，务必要惜精神。这"四个务必"对我们的现实生活有哪些指导意义呢？

一是要积阴德。所谓积阴德，就是去除自己的功利心，与人交往时常怀利他之心，做事低调不张扬，做了好事不自以为有功，即使帮助了别人也不自认为有恩于别人。

二是要懂包容。人人都不完美，我们的毛病不仅会给自己带来伤害，也会给别人带去麻烦。怎么办呢？我们要取长补短，互相补台，一起学习，共同成长与进步。

三是要善待他人。真正心地善良的人，看到别人的优点时，会真心地欣赏、赞美他们，并向他们学习；看到别人的不足时，会提醒他们改正，并反省自己是否也有同样的不足，而不是幸灾乐祸。在日常生活中，我们一定要待人和气，真诚友善，有话好好说，遇事多商量，有亏不让别人吃，有利先让别人得，遇到问题先反省自己。

四是要爱自己。一个不懂得爱自己的人，往往也没有爱别人的情怀和能力。因此，学会爱自己也是获得爱别人的能力的一种演练。反过来看，不爱别人的人往往也是不爱自己的，即使他很想爱自己，也没有爱自己的能力和智慧。

在此处，云谷禅师给了凡先生找到了一个"一念重生"的法门。这说明了两个重要问题：一是人们应该将重点放在此生每个时刻的重生上；二是真正的重生是重塑自己的内心，把肮脏的念头和扭曲的思维升级为光明的道德和智慧的逻辑，跟自己的过去告别，开启新的人生。一旦开启新的人生，重新审视过去的自己时，就会有一种恍如隔世的感觉，再去看那些没有改变的人，也犹如在看前世的自己。

很多人忙忙碌碌，不得不花费大把的时间和精力来处理各种繁杂事务，获取人脉和资源，为自己谋取更多的金钱和功名，他们对此其实也很无奈。要想破解这样的人生困局，就要唤醒内在的真我，使之变得越来越强大；只有这样，才能提升自己生命的维度与空间，避开世俗的低级交易与恶争的模式，从根本上改变自己的命运。

了凡先生听从云谷禅师的教化，将关注点放到了自己的内在，改变了自己的种种言行，重塑了自己的道德人格，最终打破了过往命运的困局，找到了改变命运的正确方向并获得了强大的能量，开辟了自己美好的人生。

在现实生活中，我也看到了许多朋友的蜕变：原本大大咧咧的女汉子，能够温柔地关心他人了；原本性格强势的霸道总裁，遇到事情时能够与人商量了；过去张嘴就会指责下属的老板，懂得了体谅别人的辛苦，悄悄送人温暖；过去凭借自己的经验进行管理的领导者，逐步转向了科学化和规范化的管理……至于我自己，接触到了老祖宗的智慧，我才得以用祖宗的圣贤智慧一点点地替换自己那自以为是的低端认知和行为；能力提升了，智慧提高了，整个人的状态也好了很多。

总之，听从圣贤的指引，学习圣贤的智慧，感悟美好人生，是当今很多积极上进的人已经在走的路！

第17讲:"自作孽"与"天作孽"的区别

　　世间的人,都想做好人,行好事,拥有好的命运。可是有部分人不明白人生命运的科学原理,缺乏经营人生的智慧,因此被狭隘、自私的欲望带偏,最终做出一些与自己的美好愿望相背离的行动。小的过失或者无意之过在所难免,能够及时觉察和改正也是善莫大焉。最可怕的是,已经知道是错的,却抱着侥幸心理一直错下去,小错变成大错,直至万劫不复,这就是"自作孽,不可活"了!

【原文】

　　"夫血肉之身,尚①然有数;义理之身,岂不能格②天?《太甲》曰:'天作孽③,犹可违;自作孽,不可活。'《诗》云:'永言配命,自求多福。'"

【注释】

　　①尚:还是。

　　②格:感通,感动。

　　③孽:灾难。

【白话】

"血肉之躯，还是有注定的命运的；而道德义理之身，难道不能感动上天吗？《尚书·太甲》说：'上天造成的灾难，还可以躲避；自己制造的灾难，就无法逃脱了。'《诗经》说：'要永远遵循天命，自己谋取更多的福分。'"

这段话中的句子常常被后人引用，但能够理解透彻的人却比较少。我们先来看《尚书·太甲》中的"天作孽，犹可违；自作孽，不可活"这句话。

"天作孽，犹可违"，这里所说的"孽"是人类主观上的一种叫法，意为灾难，指天地变化中那些被人类视为不符合自己利益的一些自然现象。如果人明白了自然现象的规律，能够领悟天地自然之道，学会运用规律的力量，就可以避免很多伤害。纵观人类历史，我们就会发现，人类一直在被动或主动地了解客观规律：人类能够认识和掌握的规律，可以用来造福于人；人类还不明白、不能掌握的规律，往往就会让人类受到伤害。

"自作孽，不可活"，说的是有的人不了解规律，或者无视规律而自以为是，一意孤行，这就是老百姓常说的"作死"。这样的人，怎么可能活得好呢？

再看《诗经》中的"永言配命，自求多福"这八个字，这可谓是经典中的经典。天地自然，自有它的客观规律，"永言配命"就是告诫人们，要让自己的主观意识与客观规律相合，不可违拗。"自求多福"其实是在告诫人们，不要以为只要一心为自己求福，福就多了。这里的"求"说的是内求而不是外求，要遵循"内决定外"的原理，优先内求，并务必保持外求与内求方向的一致性。

说起来，无论是"天作孽""自作孽"的话题，还是"自求多福"的告诫，强调的都是内因，突出的是内求。在内求与外求这个问题上，很容易出现两个极端：一个就是绝对的内求，另一个就是绝对的外求。绝对的内求，往往会忽视外在结果给予的反馈信息，最后形成一种自我封闭的状态；绝对的外求，往往又会忽视自己内在的建设和提高，为了获取外在物而投入巨大的成本，甚至把自己的生命也搭进去了。

因此，在处理内求和外求的关系时，必须明确以下四个基本的原则。

第一个原则：在时间顺序上，内求在先，外求在后。

第二个原则：在决定性上，由内求的内涵来决定外求的内容。

第三个原则：坚持内求时，务必随时关注外在结果给予自己内求模式的启迪、补充和修正，从而形成一个以内求为中心的开放的模式，让内求的内涵不断地升级。

第四个原则：在外求时，务必保持外求的方向和性质与内求的一致性，也就是说，内求中的上善，要变成外求中的利他，而不能变成外求中的自私自利或者唯利是图，避免导致内外的冲突。

明白了上述四个原则，我们也就知道了，云谷禅师所说的这个"求"字，换成"修"也许会更容易理解——"自求多福"其实就是"自修多福"，因为唯有自修，才能坚持以内求为核心，形成内求与外求的统一，做到福来不惊，祸来不慌，跳出孤立内求、妄为外求所导致的内外统一体的割裂和由此带来的折磨。

【原文】

"孔先生算汝不登科第，不生子者，此天作之孽也，犹可得而违也；汝今扩充德性①，力行善事，多积阴德，此自己所作之福也，安得②而不受享乎？"

【注释】

①扩充德性：提升自己的品德。

②安得：怎么。

【白话】

"孔先生算出你不能考取功名、不会有儿子，这是天降给你的灾害，尚且可以逃避；你现在提升自己的品德，力行善事，多积阴德，这是你自己所作的福，怎么会不受享呢？"

云谷禅师在这里阐明了"数虽前定，命可转移"的道理。至此，云谷禅师又将对了凡先生的开示，回落到了凡先生自己的生活中。

关于"天作之孽"与"自作之福"，以下三点看法十分重要。

第一点看法：所谓天给人降灾祸，大多是人的主观价值判断，是人不悟天道、违背规律而产生的结果，也是天给人的启迪和教化。

第二点看法：人类会为自己违背自然规律而做出的行为付出沉重的代价，也会从灾祸中获得一些关于自然规律的新知识，人类的文明就是这样不断地积累与进步的。

第三点看法：人类在为自己造福的过程中，一定要认识并尊重人性规律，若是违背了人性规律，恐怕就会事倍功半，很难获得幸福。比如，有的人在与人交往时，虽然出发点是好的，却忽略了对方的特点，使用了不恰当的方法，又没有把握好时机和分寸，从而伤害了对方；当对方给予负面反馈时，他还很惊讶，觉得自己被冤枉了；如果再过火一点，还会指责别人忘恩负义。想想看，以这样的状态和趋势发展下去，他能获得自己的幸福吗？

第18讲：真的能做到趋吉避凶吗？

  每个人都希望自己能避开所有的坏事，遇到的都是好事。可是在现实生活中，没有人总能遇到好事，也没有人总能避开坏事。正因为如此，人们常常会这样安慰自己：若是遇到一些小的挫折，人们会说"就当给自己消灾了"；若是遇到大的灾祸，人们又会说"大难不死，必有后福"。

  接下来，我们一起来看看云谷禅师讲给了凡先生的人生命运的道理，看看能否解开关于吉凶祸福的秘密。

【原文】

  "《易》①为君子谋，趋②吉避凶；若言天命有常，吉何可趋，凶何可避？开章第一义，便说：'积善之家，必有余庆。'汝信得及否？"余信其言，拜而受教。

【注释】

①《易》：指《周易》。

②趋：走向，追求。

【白话】

"《周易》为君子出谋划策,帮助他们趋吉避凶;如果说命运是不能改变的,又怎么能趋吉而避凶呢? 它第一章就说:'积善之家,必有余庆。'这些话你相信吗?"我对云谷禅师的话深信不疑,就恭敬地向他下拜,接受教诲。

说到这里,必须做一些澄清。

第一,《周易》是中华文化的精粹,蕴含着大智慧,是不能用一般的生活经验去解读的,否则可能就会曲解它的本意。

第二,"君子"指的不是那些自以为是、总以为自己正确的人,而是能够不断地发现、改正自己的错误,并能参悟天地自然和人心规律的人。

第三,趋吉避凶只是个一般性的原则。如果俗解了这个原则,就会走向一个错误的方向——想想看,好事归自己,坏事给别人,谁能做得到? 这种想法还能算是真正的智慧吗?

第四,虽然人有趋吉避凶之愿,但人不可能只遇到"吉",而能避开所有的"凶"。人一时还无法领悟天地人间所有的大道规律,况且人自己的状态也不稳定,在不同状态下所做的事情可能完全不同:懂得了规律、顺应了规律,就会给自己带来吉祥;不懂规律、违背规律、主观蛮干,就会给自己带来凶事。

第五,不能肤浅地理解趋吉避凶,否则就很可能失去领悟大道的机会,只想去追逐世俗意义上的吉事,规避世俗意义上的凶事,这样的状态已经与智慧差之千里了。实际上,世俗意义上的吉事只是肤浅的利益,追逐这种利益不仅对自己没有太大好处,反而会贻害自己。相反,世俗意义上的凶事,也可能具有战略性的价值。例如,各种困难和挫折中往往蕴含着将人向上托举的力量，只是很少有人能够洞察这种玄机。

第六，人间万事皆是悟道的机缘，我们不能停留在世俗欲望、主观感受的层面，要学会把握和运用客观规律，提高自己的智慧。越是那些我们不熟悉的、认为没用的甚至有害的事物，就越可能蕴含着我们的智慧库中所缺乏的内容。一定不要肤浅地认为，现在对自己好的就是吉事，否则就是凶事。

第七，我们要去学习和遵循的客观规律，不仅包括自然界的客观规律，还包括人心的规律。要让自己的心守在正道上，明白个人私利不仅是物质上的，还包括精神上的，不仅是自己获得的，还包括付出的。若是不懂得这些，就会让自己的心智与道德处在比较低的水平，很容易与别人和社会发生冲突，不仅难以趋吉避凶，而且可能会招灾引祸。

《周易》中有一句很重要的话："积善之家，必有余庆；积不善之家，必有余殃。"既然有"余庆""余殃"，是不是还应该有"本庆""本殃"啊？如果有，"本"和"余"的区别是什么呢？"本"说的是积善之人和积善之家，或者积恶之人和积恶之家，此生所积之善恶所形成的能量，大部分要自己和家人来享受或者承受。"余"说的是自己享受不完或者承受不了的部分，还会进一步波及或者影响到自己的后代。

明白了"本"和"余"的区别，我们就知道了，影响人的命运的因素除了行善与作恶所引发的福祸，还包括三个部分。第一部分是前辈先祖所行善恶、所积福祸余存并流传波及下来的部分，包括遗传、家风、家教等；第二部分是我们自己在不同的生命阶段中因为痴迷或者觉悟而行的善恶与所积下的福祸；第三部分就是前面所说的"余"，既然前辈祖先所行善恶、所积福祸能够波及我们，同样，我们所行善恶、所积福祸也会波及我们的后代。

云谷禅师为了凡先生所作的开示，集中在三个要点上。

一是修因。人心是内因，也是本因，是一切外在收获的种子。正所谓"种瓜得瓜，种豆得豆"，一个内心自私、狭隘、充满负能量的人，会伤害别人，会制造对立，甚至会制造敌人，令自己发展受限。相反，一个心胸宽广、大爱利他并且内心充满阳光和正能量的人，就能消解对立，化敌为友，与别人合作共赢，共同发展。

二是功夫。只有功夫到了，才会有善果出现。愿望并不等于结果，在拥有美好愿望的同时，必须拥有智慧的方法，才能够把事情办好。那些好心办坏事的人，不是好心不纯粹，就是缺乏智慧的方法。

三是算账。现实中的人们总是急于得到回报，得不到回报就会质疑善行的正确性。实际上，在这种状态下的善行已经是有杂质了，不纯粹了。如同种庄稼，如果庄稼需要三个月才能收获，非求两个月就收获，当然不会有结果。有一笔隐形的账，必须算清楚："人为善，福虽未至，祸已远离；人为恶，祸虽未至，福已远离。"人在为善时，如果只关注福的价值，却忽视了祸已远离的重大价值，当然这笔账就算错了；人在为恶时，似乎也不是马上就会遭到报应，但祸会一点点积累在他的生命中，并且幸福已经远离。

懂得了关于吉凶祸福的道理，我们也就知晓以下两个人生常见问题的答案了。

第一个问题：为何好事连连往往跟着大祸？那是因为自己内功不够，好事多了，就会扬扬得意，就会变得傲慢，就会肆意张狂，这就是启动了"自作孽"的程序，自然会有灾祸。

第二个问题：一些小的挫折会给自己消灾吗？这要看是否懂得反省自己：小挫折就是小提醒。若是不觉悟，就会遇到大挫折；若是借着小挫折反省自己，就能够避免更大的灾祸。

第19讲：如何改变命运成功率最高？

世界上有这样一种人，每天他们头脑中都会产生很多自认为有道理的想法，他们也喜欢讲出自己的道理，希望别人能够接受。这样就能产生正确的结果吗？基本上不会吧！如果每个人都只讲自己的道理，人与人之间多半就会发生争吵，不仅不会形成合力，还会耗费自己的力量。更何况，很多想法貌似有道理，实际上是异想天开，并没有经过严谨的论证，怎么可能产生好的结果呢？

接下来我们就一起来看看，了凡先生讲出了什么样的道理，又是如何运用它改变自己的命运的。

【原文】

因将往日之罪，佛前尽情发露^①，为疏一通，先求登科^②，誓行善事三千条，以报天地祖宗之德。

【注释】

①发露：坦白。

②登科：考中科举。

【白话】

因此，我在佛前忏悔，把自己以前所犯下的罪过毫不隐瞒地全都说出来，并且写了一篇祈祷文，先祈求考上举人，并且发誓要做三千件善事，以报答天地祖宗的恩德。

孔先生测算了凡先生这一生考不中科举，也没有儿子传宗接代，并且只能活到五十三岁。所以了凡先生接受了云谷禅师的指导之后，似乎相信了一些真理。他改变命运的第一个目标，就是考上举人，并愿意为此做三千件善事，这背后藏着一个重要的改变命运的逻辑，我们从以下四步展开说明。

第一步：真心接受教育，恭敬下拜，深信不疑。从这时起，了凡先生人生的方向就转变了。

第二步：诚心忏悔，绝不隐瞒自己过去所犯下的过失与罪恶。这种面对自己内心深处的阴暗的勇气，让了凡先生的生命状态发生了巨大的变化，甚至整个生命的能量场也已经不同往昔。

第三步：有了前面两步作为基础，再用已经优化了的生命状态去参加科举考试，成功的可能性自然就会增加。在很多时候，尤其是面对考试，人们的状态往往影响着能力的发挥，如果没有良好的状态，即使有能力也很有可能发挥不出来——当然，如果没有能力，即便有良好的状态，恐怕也很难取得好成绩。

第四步：用发誓要做三千件善事的形式来表达自己的决心，而不是简单地说出自己的愿望，这会给人一种巨大的力量。

了凡先生的作为真是让人感慨呀！与此相对照，人们的种种愚昧行为实在是让人痛心哪！

第一种愚昧：只相信自己。 现实中有太多的人，不听圣贤教诲，只认自己的道理，冥顽不化，并且表现出很自信的样子，实际上却很自负——夸大了自己的能力，遮蔽了自己的缺点。这样的人，内心往往是很自卑的，觉得自己没有什么可以炫耀的资本，也没有了悟做人做事的根本大道，但又不想活得很卑微，于是就装出一副天不怕地不怕的样子，以为这就是强大。这样的人，往往又是欺软怕硬的——在强者面前表现得很卑微，在弱者面前又表现得很霸道，以此来获得一种病态的心理平衡。

了凡先生若是这样的人，恐怕不管有多少贵人和高人，都没有办法把他从人生的迷雾中引领出来。但了凡先生真心地相信了云谷禅师给他的教诲。我们都听说过"孺子可教"这个词，现在看来，这正是对一个人美好品性的肯定。想想看，一个人如果处在"不可教"的状态，不就跟一块顽石没什么两样了吗？

第二种愚昧：口是心非。 有一些人，当别人对他进行规劝和引导时，会在表面上、口头上表示认同，实际上他们还是固守着自己的思想。通常，这样的人把小我守得很紧，无法打开自己的心扉，也就无法接收高于他的能量。

如果了凡先生是这样的人，恐怕就无法改变自己的命运，也就不会有《了凡四训》传世了。

第三愚昧：绝不践行。 有的人虽然相信了别人的教诲，但就是不落实行动，更不会举一反三，也不会借机总结和提升。于是，人和事都还是原来的样子。也有的人明白了道理就想着去践行，但行动措施不具体，不具有可操作性或者急于求成，违背了事物发展的规律，最终不仅把自己搞得很疲惫，也把周围搞得鸡飞狗跳。这真是成事不足，败事有余呀！老子在《道德经》中说"上士闻道，勤而行之"，王阳明先生说"知行合一"，明白了道理却不去践行，就不能算是真明白。做人做事还需要掌握两个"方"，一个是方向，另一个是方法。虽然方向对了，但方法错了，即使努力也不会有预期的好结果。

了凡先生听了云谷禅师的教诲，顿时大悟，于是发了大誓。这是多么勇敢的壮举呀！

第四种愚昧：极其功利。有的人听到教诲或者指引，兴奋得像是发现了满足自己功利心的秘诀。他们一边做着善事，一边想着自己会得到什么。因为分心，所以善事做得不彻底，也就不会得到自己特别想得到的东西。

了凡先生听了云谷禅师的教诲，虽然也在求取自己的功名，但是他十分勇敢地将自己从前犯下的罪过全部坦白，并且立誓要做三千件善事。这就跟那些一边做善事，一边想功名的人有了本质的区别。这也是了凡先生能够做善事而得功名的根本原因所在。

各位朋友，从现实中一些人的做法和了凡先生的做法的对比中，你能否领悟到命运的奥义？

第20讲：功过就是一面镜子

在现实生活中，我们难免会遇到争功诿过之人，他们总是往自己身上揽功劳，而把过失推诿给别人。相信大多数人都不喜欢跟这样的人打交道吧？你有勇气和智慧把功劳推给别人，把过失揽到自己身上吗？

如何算好功过这笔账，真的是一门事关人生命运的大学问哪！接下来，我与大家分享中华文化中一种练功的方法——使用功过格。了凡先生能够成功改变命运，与云谷禅师传授给他的功过格有非常重要的关系。

【原文】

云谷出功过格[①]示余，令所行之事，逐日登记；善则记数，恶则退除；且教持《准提咒》[②]，以期必验。

【注释】

①功过格：记录功过的表格。

②《准提咒》：佛教的一种咒语，佛门中人认为，念诵这一咒语可以消除罪孽，除灾获福。

【白话】

（见我发誓要做三千件善事）云谷禅师就拿出一本功过格给我看，让我以后每天都把自己所做的事登记在功过格上：如果做了善事，就增加一个数字；如果做了恶事，就减去一个数字。云谷禅师还教我念诵《准提咒》，以保证善恶报应能够应验。

功过格是中国古人修行用的一种极其重要的道具，就是逐日登记自己行为的善恶以自勉自省的表格。上面有按善行大小记功和按恶行大小记过的标准，分为百功过、五十功过、三十功过、二十功过、十功过、五功过、三功过、一功过；功就记为正分，过就记为负分。奉行者每夜自省，将每天行为对照标准，给各善行和恶行打分，只记分数，不记其事，分别登入功格或过格，月底作一小计，功过相抵，每月一篇。结余的分数（功或过），转入下月或下年，以期勤修不已。后来，莲池大师将当时流行的功过格"稍为删定，更增其未备"，易其名曰《自知录》。

只要修行，就离不开自省和反思，即审视自己的内心和言行，然后给自己算算账。在现实生活中，很多人所谓的自省和反思只是简单地想了想，再认真一点的，或许会给自己写个小总结，多半都是不太认真的，当然更谈不上专业了。

从古至今，大多数修行的人都会遇到三个瓶颈：一是只一味读经，但没有落地的方法；二是时断时续，不能够持续地修行；三是基本上只能依靠自己，遇到问题或者出现了偏差时，找不到合适的人来帮助自己解决问题或者纠正偏差。

众所周知，不能落地践行和出效果的修行，是很难增长自己的智慧的。当然，独自来完成持续的自我升级，对大部分人来说也是很困难的。所以，

　　　　　　　　　　　　　　　第20讲：功过就是一面镜子

修行的人，有一个很重要的借力方法，就是拜师父，并且要经常跟着师父去修行，接受师父的指导。否则，就很容易走偏、停滞。

功过格就是一个方便修行者连续修行的工具。修行者借助这样一个工具，把自己的功与过都记录下来，经过打分、算账，就能够很直观地观察到自己每天正确与错误的行为、收益与损失。如此这般，就形成了生命中善功与恶行两种力量的消长趋势——善功越来越多，恶行不断地减少，能量如此转换，命运不就改变了吗？

功过格是修行者给自己算账的一种方法，也是记录自己功过增减变化的一本账簿。一个人如果把功过格用好了，就不会再做出类似于争功诿过、表自己的功责别人的过、居功自傲这样的低级行为，而是会让功揽过、感别人的恩改自己的过、有功谦卑，于是，人生中的能量场就会发生重大变化，美好的命运就会由此而生！

无数事实证明：一个人贪功诿过，就是其内心那种隐秘的、深刻的自私与肮脏的表现，也是灵魂脆弱的表现；一个人能够做到让功揽过，则是精神力强大、心灵光明的最重要指标之一。

第21讲：符箓背后的心法秘传

　　符箓是中国道教方术之一，它其实是符与箓的合称：符被称为天神的文字，笔画有点像小篆；箓则是用以记录天官功曹的秘文。道教认为，符箓能治病、镇邪、驱鬼、招神。东汉张道陵、张角等均以符箓为道术，为人治病、驱鬼。

　　《了凡四训》记述了云谷禅师与了凡先生谈及的画符的道理。

【原文】

　　语余曰："符箓家①有云：'不会书符②，被鬼神笑。'此有秘传，只是不动念也。执笔书符，先把万缘③放下，一尘不起。从此念头不动处，下一点，谓之混沌开基。由此而一笔挥成，更无思虑，此符便灵。"

【注释】

　　①符箓家：专门以书符书箓行事的人。

　　②书符：画符。

　　③万缘：各种事情、牵连。

【白话】

云谷禅师对我说:"符箓家有一句话:'不会画符,会被鬼神笑话。'画符是秘密传授的,关键就是画符时不动念。提起笔来画符时,一定要先把心里所有的事都放下,全神贯注地去画。在这个无念的时刻画下第一笔,这就叫作混沌开基。由此而一笔画成,在画的过程中也不动念,这道符就灵验。"

云谷禅师这段话,说明了一个重要的道理:人要想改变自己的命运,首先要改变自己的心,去除浮躁,让自己心的状态与天地万物的规律相合。符箓只是一种道具,关键是要有"五心"——静心、净心、精心、专心、善心。心灵安静了能助长智慧,心底干净了能促发灵性和灵感,精神内守能生定力,能够专注则是创造一切奇迹的基本条件,保持住善心就能不生是非,从而赢得人生的平安。说到底,云谷禅师是在借画符一事向了凡先生传授整理自己内心的方法,这也是一项修心的功夫,是让自己的主观合于规律的能力。如果不肯整理自己的内心,而去妄求天意利己,那就是妄念和迷信了。

云谷禅师在介绍画符灵验的秘诀时说,"只是不动念也"。不动念就是心念要至诚、专一,没有其他杂乱的念头,这是修身立业的重要功夫。太阳光通过凸透镜聚焦,可以把纸点燃;我们训练自己的心意通过至诚、专一来聚焦,它就具有感应通达的力量。所以说:"制心一处,无事不办。"云谷禅师说的实际上就是中华文化中的一个重要的核心智慧——至诚通天。一个游走于红尘却能保持心的至诚和干净的人,才能主导自己的命运。

专注的本质就是让自己的精神和思想与眼前的对象合为一体,物我一体,他我一体,于是,眼前的对象的规律就会刻印在我们的心中,我们观察它们就如同观察一幅图画。相反,即使一个人再聪明,若是做不到专注,总是三心二意，他的实际水平一定是平庸的，他的命运也不会太好。

我们总能看到这样的现象：一些待人真心实意、不动歪心思算计人的人经常会吃一些小亏，但总体命运基本上不会太差；一些在智力上算不上天才的人，却因为其能够专心致志，往往能做出胜过天才的成果。专心的人，将自己心灵的能量专注于一处，让自己心与脑的能量，自己的目光、言语与行动，形成一条强大的智慧链条，似乎他的大脑神经细胞形成了美妙的线性联系或者网状联系，于是他的人生中就会发生很多看起来很神奇的事情。

如果你能够专注地把一件事情做深做透，把一件简单的事做出连续升级的多个版本，就能体会神奇诞生的过程。实际上，这就是中华文化中非常神奇的一个智慧修行法门，叫"格物致知"——去掉私心杂念和妄念我执，将心与物合一，把一件事做精、做透，就能够发现万事万物背后的那个共同的规律，如同拿到一把万能钥匙一样。

第22讲:"不贰"的定力

中华文化经典《六祖坛经》中,有一个"风动幡动"的故事。六祖惠能来到一座寺庙,见几个出家人在对着风中飘动的经幡争论,有人说是风动,有人说是幡动。六祖惠能走到那几个出家人近前,说了一句:"不是风动,不是幡动,仁者心动。"他们不是在讨论纯粹的自然现象,而是在探讨人心与外部环境之间的关系。

人类的一切活动都是为获得幸福生活和美好命运而服务的,如果我们的心被外部环境主宰了,那目的与手段就本末倒置了,我们就会离幸福生活和美好命运越来越远。古人云:"心随境转是凡夫,境随心转是圣贤。"意思是说,心态随着环境的变化而变化,喜怒哀乐受着环境的控制,自己失去了主导权,这样的人就是一般的凡夫俗子了;而心态的变化可以把逆境转成顺境,把所谓坏事变好事,这样的人就是圣贤。

为何很多人失去了对生活的主导权呢?是他们看世界、看万物的方法出了问题。云谷禅师给了凡先生讲解的"不贰"的法门,正是解决这个问题的良方。

【原文】

"凡祈天立命^①，都要从无思无虑处感格^②。孟子论立命之学，而曰：'夭寿不贰。'^③夫夭寿，至贰者也。当其不动念时，孰为夭，孰为寿？细分之，丰歉不贰，然后可立贫富之命；穷通不贰，然后可立贵贱之命；夭寿不贰，然后可立生死之命。人生世间，惟死生为重，曰夭寿，则一切顺逆皆该之矣。"

【注释】

①立命：此处指改善自己的命运。

②感格：感应。

③夭寿不贰：不要在短命和长寿上起分别心。

【白话】

"凡是想通过祈求上天来改善自己命运的人，都要用专注而没有杂念的心态去感应上天。孟子在论述改善自己命运的原理时曾说：'夭寿不贰。'短命与长寿，是很容易让人产生分别心的事情。当一个人无思无虑，不产生任何念头时，什么是短命，什么是长寿呢？若是仔细分析，只有不在丰收和歉收上起分别心，才可以改善自己的贫富之命；只有不在困窘和顺利上起分别心，才可以改善自己的贵贱之命；只有不在短命和长寿上起分别心，才可以改善自己的生死之命。人活在这个世界上，生死是最重大的问题了，所以虽然孟子只说了短命与长寿问题，但他其实把一切顺逆的境遇都包括进去了。"

孟子的立命之学的真谛是：不要在夭或寿、歉或丰、穷或通上起分别心。顺境不起贪爱，逆境不起瞋恚，而是要在"修身以俟"上下真功夫，这样就能转夭为寿、转歉为丰、转穷为通、转逆为顺。

一个人若能对生死处之泰然，则无论处于何种境界，都无不泰然。在这样的基础上来立命，自然是水到渠成。文天祥在《正气歌》中写道："嗟哉沮洳场，为我安乐国。"这就是达到了顺逆不贰、生死泰然的境界。

对于有志气的人来说，逆境是成就他的学校，是磨炼玉成之地。《孟子·告子下》中写道："故天将降大任于是人也，必先苦其心志，劳其筋骨，饿其体肤，空乏其身，行拂乱其所为，所以动心忍性，曾益其所不能……然后知生于忧患而死于安乐也。"意思是说，上天要把重任交付给这个人时，一定先要使他的内心痛苦，使他的筋骨劳累，使他的躯体饥饿，使他的生活穷困，扰乱他的行动，使他处处遭遇挫折，这是为了磨砺他的心思，使他的性情坚韧，增益他还做不到的……然后我们就知道，忧患使我们振奋、发展，而安乐使我们堕落、消亡。也就是说，一切磨难，都对应着人那还没有打开的生命之窍，是帮人开窍的。人若是不开窍，就缺乏一定的智慧。人开的窍多了，就代表着人的智慧达到了相当的高度。

云谷禅师非常强调"不动念"这一功夫：只要不动念，则顺逆不贰，然后可立贫富、贵贱、生死之命。这说明在改变命运的过程中，不动念是非常重要的。在最初阶段至少要做到在顺境中不得意、不贪恋，在逆境中不灰心、不瞋恚。这样一来，问题就更加明确了：只要心中有私、有躁、有偏见和成见，就会扰乱生命与人生的和谐。那些我们带着情绪和偏见说出来的自己觉得很聪明、不说出来就有点难受的话，实际上恰恰是很愚蠢的。剔除心思乱动的毛病，我们才能不让自己徒增烦恼，降低对自己生命的损耗，使自己的命运变得更好。

宋代文学家苏洵的《心术》中有一句流传甚广的话："为将之道，当先治心。泰山崩于前而色不变，麋鹿兴于左而目不瞬，然后可以制利害，可以待敌。"在现代社会中，有很多人都太浮躁了，心乱得没有头绪，难以安定下来，很容易被外部环境影响。这样的心态，会影响人的正常心智，有人把这种问题称为"现代病"。反观历史，审视现实，我们不难发现，能够有大成就、生活幸福平安的人，都是能够定心的人。

在生活中，人们习惯了平面思维，不少人使用的是二元对立的思维，比如顺逆、好坏、是非、成败、对错、高低、天人、贵贱、贫富、夭寿等，在这种两极的变换中，人心和状态随之起伏，这让很多人受尽了折磨。尽管如此，很多人还认为自己是非分明，观点旗帜鲜明，比其他人更聪明。云谷禅师指出，这是人的分别心在作怪，他给出的药方是"不贰"，也就是合一的意思。只有"顺不喜，逆不哀；贫不贱，富不狂；成不骄，败不馁"，才能让自己的心不随外事外物的变化而起伏，方能做自己心灵的主宰，而不做被外事外物牵动的木偶。在这样的状态下，人才能领悟万事万物变化的规律，才能跟随规律和运用规律，进而改变命运。

一旦"贰"了，也就傻了，也就没有定力了，人生和命运就会如风中飘浮的枯叶，再也没有自主和主导的能力。若是进入了这种状态，还谈什么命运呢？失败者看对立，成功者看统一；愚昧者让对立变成矛盾，智慧者透过对立找到统一，进而聚合起巨大的能量。当你超越了"贰"而与万事万物和解时，你心中会升起一股神奇的力量，这才是生命中最为重要的事情，因为你的真我开始苏醒了！

第23讲："五心"的智慧

　　中国古人似乎特别强调"只问耕耘，不问收获"的理念，比如明代的《增广贤文》中就说："但行好事，莫问前程。"很多人对这样的理念有一些疑惑，但又隐隐约约地觉得我们的祖先悟到了一个更深的层次。这里面到底有什么玄机呢？

　　在《了凡四训》当中，最精彩的一段就是云谷禅师给了凡先生的开示。有一些人大力推崇《了凡四训》，却往往忽略了云谷禅师与了凡先生思想与智慧境界的差别：云谷禅师是一个出世的修行者，甚至可以说是一个悟了道的人；而了凡先生是一个红尘中的修行者。他们的追求和目标还是有一些区别的：云谷禅师是在用方便法门阐述究竟的境界，了凡先生是借用方便法门来追求命运的改变。

　　对于想改变自己命运的人来说，了凡先生的学习、领悟和实践，无疑是一条更简明的道路。如果想追求更高的、究极的境界，就要把目光更多地集中在云谷禅师所阐述的智慧思想上，而不能仅仅盯着了凡先生的简明路线。我们要把《了凡四训》读活，不能读死，这样才能借助了凡先生的感悟，找到属于自己的那条光明大道。

　　作为大修行者的云谷禅师，自然是通达红尘中的人情世故的，他对于了凡先生急于改变自己命运的想法，也肯定是心知肚明。只是，云谷禅师洞若观火，不急不躁，循序渐进，一步步引导着了凡先生前行。

【原文】

"至'修身以俟^①之'，乃积德祈天之事。曰'修'，则身有过恶，皆当治而去之；曰'俟'，则一毫觊觎^②，一毫将迎，皆当斩绝之矣。到此地位，直造先天之境，即此便是实学。"

【注释】

①俟：等待。
②觊觎：非分的企求。

【白话】

"至于孟子说的'修身以俟之'，就是修养好自身的品德，以待感动上天。说到'修'，则一旦自己有了过错、罪恶，就应当立即改正、去除；说到'俟'，就是要等待时机，切不可有丝毫非分的企求，也不可以追逐迎合，如果有这样的心思，一定要彻底清除。如果修养达到这种境界，心中就没有任何祸福、是非的念头了，这便是真正的学问。"

一个人能够让心不为事物、情境所动，这就是修心的功夫。云谷禅师说到此，他向了凡先生阐述的思想智慧，总算是有了一个比较圆满的景象。云谷禅师的智慧可以用"五心"来表达：

一是一切的修行，核心是修心；

二是修行的过程，关键是诚心；

三是对修行进程，务必有耐心；

四是对修行结果，必须要无心；

五是遇到问题时，要保持恒心。

第一是修心。人的心是其行动的发源地，是对接万事万物的关键通路。当一个人的心不干净时，他接收到的信息也会被污染，根据这样的信息进行判断和行动，就会产生错误的做法和结果。当一个人的心干净时，就如同含蜜的鲜花，会吸引蜜蜂前来，俗话所说的"栽下梧桐树，凤凰自然来"也是同样的道理。

第二是诚心。如果行动中带着私心杂念，就无法准确领悟人和客观事物的规律，从而走错方向。要知道，当你动心思时，大道在斜眼看你——怎么这么不自量力？如果你明白了这一点，就会把私心杂念收起来。

第三是耐心。客观规律不以人的主观意志为转移，因此，如果我们违背客观规律去做事，自以为是或者急于求成，就会把事情搞砸。耐心地遵循规律去做事，才能把事情做好。

第四是无心。在做事的过程中，要去除俗心、功利心、自私心、急躁心，方能静心体悟事情的规律。不能总想着自己想要的结果，要试着去体会他人的感受，及时调整自己的方法，跟对方的感受和正确的方向进行最完美的对接。即使有一些进步或成就，也不能自满。要记住，人心算计出来的，绝不是最好的结果。

第五是恒心。做事的过程中难免会遇到挫折，甚至会遭遇失败。在这样的时刻，务必要小心，不要有负面情绪，要反躬自省，检查自己努力的方向是否正确，变通思维，从而找到解决问题的方法。

现实告诉我们，低头走路易撞树，遥望前方易摔跤；圣贤则告诉我们，但行好事，莫问前程。通过云谷禅师的话，我们能摸到一些规律，得到一些启发。

首先，人要立大志，要拉长生命的时间线，不能只在短线上思考人生。

当我们看问题、追求价值的时间线变成了整个人生历程，一时的得失顺逆就会变得不再那么重要，我们现在的经历，只不过是我们用来组装命运这个整机的零部件而已。

其次，要站在人生时间线和生命价值群的高度思考利益的结构，避免一味地追逐眼前的小利与偏利，而失去了组装人生利益大局的能力与机会。

再次，立下大志之后，要将其镌刻于心，扎扎实实地做好每一件事，将其打造成作品，用作品来证明人品，将每一件事的价值堆砌成通向未来理想的一个个台阶，不断地修正、总结提效、改进增效，这样才能踩着现实走向理想。

仔细想想，这样的人生路线图是多么美妙哇！

第24讲: 人人都在持咒

你听说过"持咒"吗? 是不是感觉那是出家人的事? 有人觉得"持咒"很神秘, 有人觉得是故弄玄虚, 也有人认为是封建迷信。如果有人告诉你, 其实每个人都在持咒, 我们的命运状态就跟我们的持咒有着极大的关系, 你会不会感到很震惊呢?

接下来, 我们就来看看云谷禅师是怎么看待持咒这件事的吧。

【原文】

"汝未能无心①, 但②能持《准提咒》, 无记无数, 不令间断, 持得纯熟, 于持中不持, 于不持中持。到得念头不动, 则灵验矣。"

【注释】

①无心: 没有任何念头。

②但: 只要。

【白话】

"你还达不到没有任何念头的境界, 但是可以通过修持、念诵《准提咒》来修心, 念诵时不要记次数, 也不要间断, 要念诵得十分纯熟, 在修持、念诵时就像没有修持、念诵时一样平常，在不修持、念诵时又像在修持、念诵时一样认真。如此，达到无念无不念的境界时，念的咒就灵验了。"

持得纯熟，"动即万善相随，静则一念不起"；到此境界，水到渠成，命自然就转了。持咒时可以出声念，可以在心里念，也可以嘴唇动而不出声。无论采用哪种方式，都要诚要敬，不间断，不夹杂。心中无事，事中无心，这是持咒的至高境界。念咒时十分真诚专注，已经不知道自己是在念咒了。不念咒时，下意识还在念。这就是人们常说的"念而无念，不念而念"的境界。证入无念无不念境界，内有所感，外有所应。感应的原理是：诚则通，亦即"精诚所至，金石为开"。条件完备了，事情自然就成功了。

对于持咒，人们容易出现两种极端倾向：不修行的人往往认为这是一种迷信，所以很排斥；有一些修行的人误认为只要持咒就会灵验，于是带着私心去持咒，结果越念越心急。

实际上，持咒是一种修行的方法，是借助善语的力量来遏制心中的杂念，达到专注的状态，从而进入"于事无心，于心无事"境界的一种方便法门。持咒是用来修心的，如果总想着何时才能灵验，那持咒也就失去修心、安心、净心的作用了。

佛教中的咒语，是修行的大觉悟者，也就是菩萨、佛的心音；换句话说，是修成正果的人所使用的修行方法。如果你觉得还是有点玄乎，那你相信座右铭吗？不管什么道理，只要我们真心地去重复吟诵，就会对我们产生重大影响。有人说"谎言重复一千遍就成了真理"，说的也是重复对人心所产生的作用，倒不是谎言真的变成了真理。若是重复有如此奇效，那真理重复一万遍又会变成什么呢？会变成你的灵魂！会成为主宰你命运的力量！

现实中有一种让人们非常惊讶的现象：那些人生总是出现波折与灾难的人，不知不觉中都在持咒，只是他们持的是自己的"魔咒"——释放负能量，并不断地重复和传播。他们习惯于使用一些具有排斥性、负面性、偏见性、自恋性的词语或者表述方式，令周围的人感到很不舒服，甚至对他们心生厌恶。只是他们日用而不知，有耳朵却听不见那种负面的心音，他们走过的地方都会留下让人不爽的气息，因而人们总是躲避他们。想想看，到了这种状态，他们的命运会好吗？

若是想知道一个人在持什么咒，我们可以使用这样一种很简单的方法：用半小时的时间来陪他聊聊天，不限主题，不去表态，要多倾听，多呼应，而且可以用各种表情、动作让对方表达得很痛快。这样，一个人内心的咒语就可以被提炼出来——他喜欢的话题、重复频率最高的那些字词或者口头语、他习惯性的表达方式、背后的思维方式、语言中所使用的逻辑等，就是他内心的咒语。当你把给他提炼的咒语交给他看时，他可能会很惊讶，甚至不少的人会否认。但若让他听一遍录音，连他自己都会觉得很震惊。

人们总期望心想事成，却不知道怎样才能心想事成。若是懂得了持咒的道理，估计会增加实现的可能性吧。当然，事情可没有这么简单，过去总听老人提醒年轻人："不好的事别念叨，念叨念叨就来了。"于是，能够管住嘴，学会倾听，就成了一种修养。老人们还会说："没成的好事别到处说，会吓跑它的。"甚至有人会提醒你："对你的命运具有重大影响的事，即使是神仙来了，你也不能告诉他。"这也许是经验之谈，但背后却不无玄机呀！似乎好事与坏事都是悄悄走来的，只是一招呼它们，好的跑了，坏的却来了。你能参透这个过程中发生了什么吗？实际上，道理不复杂，只要一个人喜欢乱说话，他就已经处在失控状态，会有什么好结果吗？

修行中，人心中的杂念是最难去除的。为此，修行的师父们想了很多办法来排除私心杂念的干扰，比如持咒，比如连续数数。正如"烦恼即菩提"这句佛语所言，我们没有觉悟、没有想通、没有想明白的事情，就会变成私心杂念，而它们就是我们智慧不够时所欠下的心债。当然，我们已经想明白了的事情，就不会再以念头的方式来找我们，也不会再纠缠我们。因此，对于主动找上来的私心杂念，积极的办法就是勇敢面对。"捉念头、破念头"，跟这些念头进行对话，自己做不到时可以请有经验的人帮忙。这样，破一个妄念，就跨越一个障碍，就会少一分烦恼，长一分智慧。这样下去，随着对念头背后的规律的破解，就会造成一种烦恼与智慧的此消彼长之势，并使得智慧呈现一种迅速增长的势头，直至究竟圆满，再也无自己的念头产生，心中充满智慧，如此就能成就人生的圆满。

第25讲：改名字就能改变命运吗？

在世界各国的文字中，中国文字算是文化含义比较丰富的了。甚至有人说，每一个汉字都是一部文化史。关于人的名字，有两种比较典型的观点：一种观点认为人的名字就是个符号，另一种观点则认为人的名字就是人命运密码的缩写。

《了凡四训》的主人公了凡先生的号"了凡"，就是他在发愿修行之后给自己改的。了凡先生的命运确实发生了改变。改名字和改变命运到底有多大的关系呢？

【原文】

余初号①"学海"，是日改号"了凡"，盖悟立命之说，而不欲落凡夫窠臼②也。

【注释】

①号：别名。

②窠臼：比喻老格式、老习俗。

【白话】

我原来自号"学海"，当天我就把它改成"了凡"，因为我已经悟到把握自己命运的道理，不愿再像凡夫俗子那样受命运的摆布了。

大家要特别注意了凡先生改名的三个关键点。

第一个关键点：准确地说，袁先生没有改名字，而是改了号。古人非常重视人的名字，在取名方面有很多讲究，除了姓氏，会有名、字、号，小时候可能还会有小名，类似于现在的爱称或者昵称。当然，这是对那些有文化的人而言的，普通百姓的名字可能很简单，而且多半不会再有号。号是什么呢？它是名和字以外的别名，常用来表示自己的志向、情趣。例如了凡先生，姓袁，名黄，字坤仪，号了凡。

第二个关键点：了凡先生过去用的号叫"学海"。大家一看就明白了，这就是强调要刻苦学习，知识像海洋一样广大，要学海无涯苦作舟。很多人都是这么改变命运的，这也算是一条常规的路线。但读过《道德经》的人可能知道，老子强调了这样一个思想："为学日益，为道日损。损之又损，以至于无为。无为而无不为。"说得简单一点就是，不能停留在读书层面，要上升到悟道的层面，这样就可以遵道而行，不用自己有限的主观智慧，一切按照大道规律去做，这才是人间最大、最智慧的作为。

第三个关键点：了凡先生改号的前提是他已经明白立命的道理，不愿再做受命运摆布的凡夫了。"了凡"，意思是"了却凡心，不再做凡夫"，这是从学知识上升到了悟道的高度。若是忽略了这些而去改名字、改号，又怎么可能改变命运呢？在不明白原理的情况下改名、改号，也可能越改越乱。

既然说到了姓名，我就顺便多讲几句。有人将中国人姓名中的文化称为"姓名学"。姓氏是祖宗和家族的文化之根，古人是把名和字拆开来用的，普通人可能会有名，但不一定有字。名字通常是由家中的长辈或者请文化人帮忙起的，代表着长辈对后代的期待。当然，有文化的大家族还会通过选字来排辈分，这样，就能够让一个大家族中的人在辈分上很清楚。在近代，我国的一些地区，女士结婚后会有一个与夫家姓氏结合的组合姓名，就是自己的名字不变，但要把娘家和夫家的姓氏放在一起。实际上，在国外一些国家，女士结婚后也会有类似的做法。这种组合姓名倒是体现婚姻关系的一种很特别的文化方式，也是值得我们探索的。

【原文】

从此而后，终日兢兢①，便觉与前不同。前日只是悠悠放任，到此自有战兢惕厉景象，在暗室②屋漏③中，常恐得罪天地鬼神；遇人憎我毁我，自能恬然容受。

【注释】

①兢兢：小心谨慎的样子。

②暗室：幽暗无人的室内。

③屋漏：房屋西北角，指室内深暗处。

【白话】

从此以后，我整天小心谨慎，努力不懈，觉得自己与从前大不相同了。以前我随随便便放任自己，而现在我言行举止非常小心谨慎，即便在没人看到的地方，我也会担心自己得罪天地鬼神；遇到有人憎恨我、毁谤我，我也自然能够心境淡然地接受了。

了凡先生得到云谷禅师的开示之后，似乎一下子就开了窍，去掉了一些负面的能量，增加了一些正面的能量。也许，他已经掌握了人生命运的原理，开始了改命的历程吧。下面我来梳理一下，看看我们能够从中提取出一些什么样的收获。

第一，知识是基础，知识不够必然会无知。之前，了凡先生的号是"学海"。看来，了凡先生真是个好学之人。对于任何人来说，要想学习和掌握浩如烟海的知识，都要下刻苦的功夫，没有捷径可走。

第二，知识之上是智慧。要领悟人间的智慧，就需要用心去悟，这就不是靠简单的努力和刻苦能够做到的。了凡先生明白了命运的大智慧之后，把自己的号从"学海"改成了"了凡"。这也是了凡先生表达自己修行的决心和明确努力目标的一个举措。

第三，有觉悟才会有敬畏，无知者无畏。无知者，是指不了解命运规律的人。不了解规律，对规律就不会敬畏，所以会经常违背规律而受到惩罚，这就是许多人苦恼的原因。了凡先生在了解命运的规律之后，自然就升起了敬畏心，做事变得小心谨慎。

第四，改号以明志，开启新征程。这就是改名立信笃行。有的人听了无数次正确的道理，受到了别人无数次的点拨，却一直用自己过去的思维进行理解，为过去和现在的自己辩护。即使偶尔动念要修行、要改变，但很快就忘记了。所以，要改命，必须发大愿；否则，自己不主动去改变，别人拖着你又能走多远呢？

第五，最宝贵的品质是"可教"。了凡先生向云谷禅师坦陈心迹，接受引导。这让人想起了一句话："孺子可教也。"这句话实际上是对有灵性的人的肯定。想想看，若是我们听到"此人不可教也"这句话，又有何感受？很多人之所以接不住改变命运的机缘，就是因为困在小我中太久，甚至形成了自我的一个牢笼。这样的人，低级的、散乱的、表面化的、充满偏见的思维和思想犹如一个硬壳一样坚固，他们总是在自我辩护。老子说："善者不辩，辩者不善。"想想看，为过去辩护的人会有未来吗？为自己辩护的人，怎么会成为更好的自己？

第六，不欺人、不欺天、不自欺，至诚通天。不欺暗室，这涉及人对待自己修行的一个基本态度。这里我想与大家分享一段出家人与信众的对话。

信众问："您在公众场合都是吃素食，您一个人在房间的时候会不会吃肉呢？"

师父没有回答问题，而是反问道："您是开车来的吗？"

那人回答说："是的。"

师父说："开车的时候要系安全带，请问您是为自己系还是为警察系？如果是为警察系安全带，有警察的时候您肯定会系，没警察时就不一定了。如果是为自己系，有没有警察都要系。是这样吧？"

那人说："喔，我明白了！"

名字中也有乾坤。我曾与一些有文化功底的朋友谈论起名、改名的事，发现大家渐渐形成了几个共识。

一是家中老人给起的名字，只要不犯忌讳，原则上不改，而应该用心体会家中老人的期望。有时，随便改名字会让老人伤心。

二是名字用字不宜过繁、过偏，起名字不能用人们不熟悉的字或者容易念错的字，否则，时间久了会有各种莫名其妙的疑惑加诸其身。

三是名字寓意不宜过俗或者过高、过大。过俗，会让人笑话，也难登大雅之堂；过高、过大，会给人带来巨大负担，或者自视清高，或者让人耻笑。

四是名字寓意要正面、阳光、向上，因为一生中自己要写自己的名字无数次，介绍自己时会说自己的名字，名字也会被别人叫无数次。

五是名字的寓意不宜模糊不清或者让人难以理解。

六是名字价值的关键，就在于如何从文化内涵方面进行深度解析与解读。

名字对于一个人来说确实很重要，但名字再重要，也重要不过你的心念和你的行动，心念决定方向，行动决定结果。因此，一定要用心学习祖宗的智慧，明白了命运的原理，再辅以名号来发愿发誓，就能相得益彰了。

第26讲：什么能够超越算命？

在现实生活中，不少人都找人算过命。找什么人来算呢？一定是找算得准的人。了凡先生被孔先生算准了，却又郁闷了。幸运的是，了凡先生又遇到了云谷禅师，结果，他的命运就改变了，孔先生的预测竟然不灵验了。

【原文】

到明年，礼部考科举，孔先生算该第三，忽考第一，其言不验，而秋闱中式①矣。

【注释】

①秋闱中式：乡试时考中了举人。

【白话】

到了第二年（1570年），我参加礼部主持的考试，孔先生算我能考第三名，我却考了第一名，孔先生的预测开始不灵验了，而在秋天的乡试中，我考中了举人。

立命一年就考上举人，真是立竿见影，使了凡先生备受鼓舞，这是真信、切愿、力行的效果。他的命运从此朝好的方向转变，立命开始见效。这可真称得上是奇效了。这奇效是如何产生的呢？或者说，是什么力量导致了凡先生的命运发生了这样的变化？让我们一起来梳理一下。

第一步："宿命之结"解开了，心灵解放了。因为前期被算中很多事情，了凡先生在自己心里系上了一个宿命的死结，让他郁闷不已。经过云谷禅师一番循循善诱的开导，那个死结终于解开了。于是，了凡先生迎来了心灵的解放，压在心头的一座大山被搬开，心灵犹如长出了翅膀，那是新生的开始，将迸发出巨大的能量。

第二步：心灵的天空晴朗了，前进的方向明确了。从云谷禅师的开示中，了凡先生懂得了命运可以通过内求、改过、积善、谦德而改变，这一方面驱散了宿命的阴霾，另一方面也明确了修行的方向。于是乎，他所向往、所追求的美好人生，终于若隐若现，这是让人兴奋、热血沸腾、生命燃烧般的力量。心灵没有了桎梏，又长出了翅膀，就可以飞翔了。

第三步：受教、笃信笃行，发宏愿、定目标，砥砺前行。了凡先生没有为自己的小我做辩护，而是接受教化，实实在在地采取行动，发愿、践行。不少人也遇到了机缘，可他们不受教、不全信，总是找理由为自己辩护，因此没有实质性的行动，自然也就无法改变命运。

第四步：发愿、改过、积善，重要的是目标要明确。这样就能够让自己心中的负能量迅速得到控制并减少，同时不断增加正能量，自我蓄能，自我激励。于是，在了凡先生的心灵世界中，善恶两种力量出现了善长恶消的新态势。这种内在力量的改变，驱动着外部的行动并呈现在结果中，于是，命运的景象就改变了。

【原文】

然行义未纯，检身①多误：或见善而行之不勇，或救人而心常自疑；

　　　　　　　　　　　　　　第26讲：什么能够超越算命？

或身勉为善，而口有过言；或醒时操持^②，而醉后放逸^③。以过折功，日常虚度。

【注释】

①检身：检查自身。

②操持：自我约束。

③放逸：放纵。

【白话】

但是我的仁义行为还不够纯粹，检查自己的言行，还有很多过失：有时候看见应该做的善事，却不敢去做；有时候虽然救助了别人，心中却犹豫不定；有时候在行动上做了善事，口头上却说错话；有时候清醒时尚能约束自己，酒醉后却放纵起来。功过相抵，许多日子就这样虚度了。

改变命运很难，自审不易。在这方面，了凡先生可谓是我们的楷模。他没有沉醉于修行后出现的进步和惊喜，而是敢于直陈自己心中的杂念和行动中的不足，审视自己心底那些不彻底、不干净的力量，用心地区分正负两种力量。

很多时候，我们只看到了别人取得的成绩，却看不到他们付出的努力，以及他们在内心完成的那样一场艰苦的战斗。现代人时常总结，但更多的是总结工作，而不是总结自己。即使是总结自己，也往往是大而化之，十分笼统，甚至很表面化，难以深入到灵魂深层。

个人的成功与伟大事业的成就，都需要自我革命精神来做支撑。而自我革命的过程，就是让自己的内在精神不断强大的过程。说到这里，我们仿佛能够看到了凡先生心灵世界中正反两种力量此消彼长，最终正向的力量占据主导的画面。

不知你看到这里，会不会有一种跃跃欲试的感觉呢？

【原文】

自己巳岁^①发愿，直至己卯岁^②，历十余年，而三千善行始完。时方从李渐庵入关，未及回向。庚辰^③南还，始请性空、慧空诸上人，就东塔禅堂回向。

【注释】

①己巳岁：指1569年。

②己卯岁：指1579年。

③庚辰：指1580年。

【白话】

从己巳年（1569年）发愿，直到己卯年（1579年），一共经过了十多年，我才做完我许诺的三千件善事。那时候我正跟李渐庵先生入山海关办事，没来得及做回向。直到庚辰年（1580年），我回到南方家乡后，才请性空、慧空等高僧在东塔禅堂回向。

所谓"回向"，就是将自己所修的功德，回转给某人某事。回向的要义是自己不贪功，并让功德能量流转起来。了凡先生在祈求考中举人时，许愿做三千件善事以报天地祖宗的恩德，现在完成了，就需要回向还愿。在这一段内容中，了凡先生介绍了他修行的过程，体会到了真信、切愿、力行的效果，比孔先生所预测的时间更早地考中了举人，这让他对修行进一步增强了信心，也体现了立命之学的巨大功效。同时，了凡先生的觉知能力也明显提高了，他认识到了自己在修行过程中存在的问题，如勇气还不恒定，做善事时还心存杂念，还会有不少说错话、做错事的时候，感觉自己状态不稳定，基本上功过相抵。

了凡先生用了十余年的时间，完成了当初发愿时承诺的三千件善事，这是很了不起的。粗算起来，十年也就是三千余天，完成三千件善行，接近于"日行一善"了。

值得注意的是，回向是修行中的一个重要环节。行善的修行者要做回向，这也是给修行者设置的一个回路，以避免个人因为行善而将所有的功德据为己有，形成正能量的短路，以及内心生出新的障碍。此外，回向也是再续前缘，再蓄高能，缘分不断，能量升级，就会为后续改变命运的历程提供更加强大的动力。

很多人因为不懂回向，结果就事倍功半了。行善积德也是私心，需要破除，要把这个功德送出去给别人，但是送出去并不意味着自己的功德会减少。更为重要的是，将功德送出去以后，自己的心更纯净了，帮助别人的同时，还要感恩被帮助的人，这个回路是一般人很难搞懂也很难做到的。

看起来，通过修行改变命运真的是个细致活儿。不仅要有坚定的上善信念、纯净的心，勇敢改过，坚定不移地行善，就连积德这样的功德心都要破除，如此才能真正主宰自己的命运。

第27讲：儿子与官位是求来的吗？

很多人为了求子、求财、求官位而到一些宗教场所去争上头炷香，去磕头，去捐款，对传说很灵验的地方更是趋之若鹜。当然，大多数人是寻找一种心灵的寄托，没有真正期望能够通过这种方式实现自己那些宏大而美好的愿望。

了凡先生改变了自己的命运，也不是祈求什么神灵的结果，而是坚决地改过和真心地行善，重新创造了自己的命运。若是不明白改变命运的原理，祈求也只是一种自欺欺人的做法罢了。

接下来我们一起看看，了凡先生是通过哪些做法改变自己的命运的。

【原文】

遂起求子愿，亦许行三千善事。辛巳①，生男天启②。

余行一事，随以笔记；汝母③不能书，每行一事，辄用鹅毛管，印一朱圈④于历日之上。或施食贫人，或买放生命，一日有多至十余圈者。至癸未⑤八月，三千之数已满。复请性空辈，就家庭回向。

【注释】

①辛巳：指1581年。

②天启：袁了凡的儿子。

③汝母：你的母亲，指天启的母亲。

④朱圈：红色的圈。

⑤癸未：指1583年。

【白话】

我又发下求生儿子的誓愿，也许诺要做三千件善事。辛巳年（1581年），就生了儿子天启。

我每做一件善事，随即就用笔记下来；你母亲不会写字，她每做一件善事，就用鹅毛管在日历上印一个红圈来记数。或是施舍饭食给穷人，或是买鸟兽来放生，有时一天能印下十多个圈。到了癸未年（1583年）八月，我所许诺的三千件善事就完成了。于是我再次请性空等高僧在家里做了回向。

在一件事上取得了效果，验证了心中的信念，往往会让修行者信心大增。于是，了凡先生在成功考中举人并回向之后，又开始了求子的实验，许下三千件善行的大愿，次年果真生了儿子天启。

【原文】

九月十三日，复起求中进士愿，许行善事一万条。丙戌①登第，授宝坻②知县。余置空格一册③，名曰《治心编》。晨起坐堂，家人携付门役，置案上，所行善恶，纤悉必记。夜则设桌于庭，效赵阅道焚香告帝。

【注释】

①丙戌：指1586年。

②宝坻：县名，今属天津。

③空格一册：一本空白的小册子。

同年九月十三日，我又发下求中进士的誓愿，许诺要做一万件善事。丙戌年（1586年），我考中进士，被授予宝坻县知县一职。我准备了一本空白的小册子，为它取名叫《治心编》。我每天早晨去大堂上办公时，就叫家人把这本小册子带给负责的衙役，让他放在案桌上，我当天所做的善事恶事，无论多细微，都要记下来。到了晚上，就在庭院里摆上案桌，点上香，仿效赵阅道，把自己白天做的事情一一向天帝禀告。

赵阅道是宋朝人，为人厚道刚直，官为殿中侍御史时，弹劾官员从不畏避权贵和皇帝宠幸之人，人称铁面御史。他每夜一定在庭院里摆上案桌，穿上官服，点上香，将日间所做之事一一向天帝禀告，凡是不敢禀告的，他就不敢去做。

【原文】

汝母见所行不多，辄颦蹙①曰："我前在家，相助为善，故三千之数得完；今许一万，衙中无事可行，何时得圆满乎？"夜间偶梦见一神人，余言善事难完之故。神曰："只减粮一节②，万行③俱完矣。"

【注释】

①颦蹙：蹙着眉头，形容忧愁的样子。

②一节：一件事。

③万行：一万件善事。

【白话】

你母亲见我做的善事不多，就皱着眉头说："以前在家里的时候，我能帮着你做善事，所以能把三千件善事做完；现在你许诺做一万件善事，衙门里又没有什么善事可做，这要到什么时候才能完成呢？"当天夜里，我梦到一位神人，就把这一万件善事难以做完的原因告诉他了。神人说："仅仅减轻百姓税粮这一件事，一万件善事就完成了。"

【原文】

盖宝坻之田，每亩二分三厘七毫。余为区处^①，减至一分四厘六毫。委^②有此事，心颇惊疑。适^③幻余禅师自五台来，余以梦告之，且问此事宜信否，师曰："善心真切，即一行可当万善，况合县减粮，万民受福乎！"吾即捐俸银^④，请其就五台山斋僧一万而回向之。

【注释】

①区处：筹划。

②委：确实。

③适：刚好。

④俸银：为官所得薪俸。

【白话】

本来宝坻县的粮赋是每亩田二分三厘七毫，我见百姓负担太重，就筹划将其减至一分四厘六毫。我确实为百姓减轻税粮了，所以梦中神人提及此事时我相当吃惊，但我有些疑惑，为什么这件事能抵一万件善事呢？刚好幻余禅师从五台山来，我就把这个梦告诉他，并问这事能不能够相信。幻余禅师回答说："只要真诚恳切地做善事，一件善事也可以抵得上一万件善事，更何况你为全县百姓减少税粮，使成千上万百姓受福了。"于是我捐出俸银，请幻余禅师在五台山为一万名僧人布施斋饭并做回向。

要做到善心真切，这样就可以改变善行的算法。尤其难能可贵的是，了凡先生还能捐了自己的俸银去做回向。一个为百姓做善事的好官，造福百姓，造福国家，同时成全了自己，也为继续向好埋下了善的种子。

了凡先生的儿子与官位不是祈求来的，而是用自己的善行做出来的。反过来说，只要一心为善，个人合理的利益就是水到渠成的了。人在真心为善时，整个身心都聚焦在行善上，指标很明确，时时做记录，心中有偶像，天天强化自身，及时做回向，所求看似官位，实则是行善的责任。这不就正好对应了为官之道吗？若是单纯为自己求官位，而不是行善助人，一心谋求私利，也就偏离了为官之道。实际上，行善过程中的形式都指向了为官的正道，这才是生命能量发生质变的关键所在。

明白了这些，我们就会发现：如果不做好事，只是一味地祈求自己心中相信的所谓神灵帮助自己，是肯定不会灵验的，这就是迷信；若是真心实意地为别人做好事，有些好事就会来找你。你为别人做的好事，又转回来变成了你的好事。一个人只有心中有善的能量，并付诸善的行动，才有可能创造出人间奇迹。一个人越善良，他的人生中就会发生越多的神奇的好事，这就是大多数朴素的中国人相信的道理。

第28讲：好人与坏人谁更长寿？

在现实生活中，总能听到一些人抱怨："好人不长寿，坏人活千年。"这个逻辑肯定是不成立的，长寿的就不是好人？坏人都能活千年？这只是在表达情绪罢了。了凡先生通过改过和行善确实延长了自己的寿命。你若是也想让自己的寿命长一点，就应该向了凡先生学习。

【原文】

孔公算予五十三岁有厄①，余未尝祈寿，是岁竟无恙，今六十九矣。

【注释】

①有厄：有灾难。

【白话】

孔先生算我五十三岁时有灾难，我没有祈求过长寿，五十三岁那年却平安无事地度过，今年我已经六十九岁了。

在行善的过程中，了凡先生的第四个实验也有了结果。按照孔先生的测算，了凡先生只能活到五十三岁，可就在了凡先生行善的过程中，五十三岁那年平安度过，写《了凡四训》这一年，了凡先生已经六十九岁了。

这跟前面的三个实验有点不同。在前面的三个实验中，了凡先生虽然许诺做善事，但同时自己也有所求——求中举，求生子，求中进士。了凡先生没有求长寿，却在自己行善的过程中平安度过了被孔先生算定的那个死亡年龄。由此看来，只要真心行善，勇于改错，一心利人，就会全面地滋养自己的生命和人生。

这些道理，对于处在现代社会的我们也具有十分重要的意义。关于"好人不长寿，坏人活千年"这句话，我们需要思考以下三个问题。

第一个问题：什么样的人是好人？没有人会说自己是坏人，但对于声称自己是好人的人，我们不能完全相信他的说法，还要看他做什么，而且看的时间要足够长。也许平安无事的时候大家都是好人，但是遇到一些重大的事情，尤其是与个人利益有重大冲突时，有的人就会露出本来的狰狞面目。那么，一生还算平安的人，是不是能够算是完全意义上的好人呢？也仍然是个疑问。也可能只是他坏事做得不够大、不够多，因此还勉强维持着一个好人的样子。

第二个问题：既然说好人不长寿，那长寿的就都是坏人吗？中国人崇尚一种文化，就是"死者为大"。一个人若是死了，跟自己就没有什么利益冲突了，也不会再构成什么威胁或者伤害了，于是通常就会毫不吝啬地赞美他，而把他的一些缺点直接屏蔽掉了。对已经死去的人还要做一些吹毛求疵的评价的行为，通常不会被人们接受。但客观地说，这只是一种人文情怀罢了。若是从客观上说，不长命的人，也是内外相符的，他生命中的缺陷与他的寿命也是高度关联的。

所以"好人不长寿"这个判断是不成立的，是个伪命题。如果一个人想长寿，难道就不能做好人？只有做坏人才能长寿？看看那些老寿星，那些患了重病也能长寿的抗病英雄，他们美好的品质一定多于一般人，而且改掉了自己的毛病，所以才能为自己赢得新生。

第三个问题：为什么说"坏人活千年"？这很显然不是科学判断，而是一种情绪表达。想想看，普通人大多活个百八十岁，若是坏人能活千年，那岂不是达到了普通人的十倍？有人见过活到一千岁的人吗？所以我们要小心这种情绪，不要将其视为一种理性判断，更不要形成一种错误的人生模式：好人不长寿＋人人想长寿＋坏人活千年＝要想长寿就不能做好人，只能做坏人。你看，这是不是错得太离谱了？

实际上，通过剖析上面三个问题，我们也能明白长寿之道。要想长寿，就要注意以下五点。

其一，要明白夭寿之原理。好人好命，坏人坏命，外部的坏往往昭示着内在的烂。

其二，人生目标不能错。要从俗人开始去做一个真正的好人，要在人间的各种波折与考验中坚定不移地做个好人。

其三，要明确好人的标准。不能模糊地认为自己就是好人，更不能炫耀自己的优点、成绩或者成就，而又刻意地遮蔽自己的缺点、败绩或者过失，甚至刻意掩饰自己的罪恶。

其四，切不可羡慕坏人。切不可愚昧地羡慕恶人没有受到外部惩罚时的那种无法无天的样子，更不能动摇善良的立场，尤其不能因为恶人没有受到惩罚或者受到他人胁迫而去模仿或者与其同流合污。

其五，要记住报应随时都在发生。好人好自己，坏人坏自己。自己命中的好，皆来自自己的善；自己人生中的灾难，皆来自自己的恶。善恶随时报，唯你不知道。

第29讲：命好的人都掌握了一个窍门

　　时常听人说，中国的父母，一多半都是为孩子活的。对此，大多数人都有切身的感受——我们的成长，可谓处处都倾注了父母的心血。每个人从小就开始接受父母的教育，人生百态，不同的父母会教育出不同的孩子。爱孩子的父母们，你们有什么宝贵的礼物可以传给孩子呢？了凡先生把改变命运的诀窍传给了他的儿子。

【原文】

　　《书》曰："天难谌^①，命靡^②常。"又云："惟命不于常。"皆非诳语。吾于是而知，凡称祸福自己求之者，乃圣贤之言；若谓祸福惟天所命，则世俗之论矣。

【注释】

　　①谌（chén）：相信、依靠。

　　②靡：无，没有。

【白话】

　　《尚书》中说："天难信，命无常。"《尚书》中还说："命运不是固定不变的。”这些都不是谎话。于是我就知道：凡是说祸福由自己造的，这肯定是圣贤的话；如果说祸福是由上天所赐的，则肯定是世俗的言论。

这里是说“命数定而有变”，即人皆有数，但是行善、作恶会使命数发生变化。从古至今，无数人感叹命运的无常，这让人生命运问题蒙上了一层神秘莫测的色彩。之所以会这样，是因为普通人没有心思和精力去学习、研究命运的规律。从现象层面上来看，一切都是变化无常的，正如人们常说的那样，“世间唯一不变的就是变化”。但别忘了，还有一句话叫作“万变不离其宗”。人类的历史、无数人的命运共同证明一个真理：不适应变化就是等死，盲目地跟随变化就是找死；而能够找到这一切变化背后的规律，顺应着规律去把握变化的人，才能主宰自己的命运。

了凡先生从定数的宿命论中走了出来，走到了用善行来改变命运的积极的人生道路上。他掌握了变数的规律，抓住了命运之宗，揭示了改变人生命运的秘密：用坚信正道、真心行善、利人利众、勇于改过、虔诚回向来立命，生命也就会从所谓的“定数”中走出来。

了凡先生的这一觉悟，对于现代人来说，依然具有重大意义。

第一，家境好的人，不要认为自己命好；家境差的人，也不要认为自己的命不好。家境和个人条件不是绝对的，不是决定性条件，如果不明白命运的原理，好的会变坏，坏的则会变得更糟。

第二，仅仅依靠为个人的私利拼搏和奋斗的信念，就想铸就自己好的命运，肯定是一条歧途，尽管现实生活中很多人都在这么做，那也不代表这就是真理。

第三，要坚信命运可以自己主宰，相信行善和积阴德，勇于改正自己的过错，一心利他利众，纵有功德也不贪为己有，依然回向给众人，这才是人生正道。即使是在现代社会，即使是学习了很多知识的现代人，这依然是可以参照的改变命运的不二法门。

了凡先生通过用善行改变命运的文化实践，得出了两个重要的结论。

第一个结论：若是认为福祸是由上天所定所赐，就等于放弃了主宰自己命运的机会和努力，也就启动了愚痴的心智模式，将自己打入了宿命论的深渊，自己也就变成了命运的奴隶，人生也就如同待宰羔羊一般。

第二个结论：人生的福祸都是自己造成的，种福得福，种祸得祸，如果能认识到这一内外因果的原理才是人生命运的秘密，就可以掌握改变命运的智慧。

【原文】

汝之命，未知若何。即命当荣显，常作落寞①想；即时当顺利，常作拂逆想；即眼前足食，常作贫窭②想；即人相爱敬，常作恐惧想；即家世望重③，常作卑下想；即学问颇优，常作浅陋想。

【注释】

①落寞：寂寞，冷落。

②贫窭（jù）：贫穷。

③望重：名望很高。

【白话】

你的命运，不知道是什么样的。即便命中荣华富贵，也要像失意落魄时一样低调内敛；即便时运顺利，也要像身处逆境一样谨慎；即便眼前丰衣足食，也要像贫穷时一样节俭；即便受到别人的尊敬和爱戴，也要战战兢兢，如履薄冰；即便家道兴旺、声望很高，也要像身处低位一样谦卑；即便学问颇优，也要像才疏学浅一样虚心好学。

了凡先生进一步领悟到了命运的平衡规律——命运的无常只是表面现象，在其背后其实隐藏着一个恒常的规律，所以不管身处何种境况，都要主动取得平衡。这一规律可以称为"反向平衡规律"。

境况好的时候，莫要自傲轻狂，不要忘记自己处境差的时候的卑微；境况差的时候，须知那是对生命的历练，更要立大志，仰望高处的光明。

顺利的时候，莫要得意扬扬，须知许多人正因为得意而挫败，成败只在一念间；受到挫败的时候，不要垂头丧气或者怨天尤人，须知挫败是对旧程序的升级，只有静心自省，才能把挫败转化成腾飞的力量。

受人尊敬时，不要趾高气扬，须知此时众人在考验你生命的贵贱；当能力强、成就大、名声远时，切莫被小小的外部成就和俗人的吹捧压垮了心灵；在得意的高峰时，要谦卑处下、藏锋露拙、真诚请教、勇于改过，始终保持平常心；客观上成为了不起的人物，主观上仍然要把自己当作一个平凡的人，人气再高也不能没了人味儿啊。

第30讲：要想改变命运，必须找到"坐标"

　　每个人都是活在一个坐标系里的。人生的坐标系有两个轴：一个是横轴，代表时间；一个是纵轴，代表人生的质量，越靠上的位置代表人生越不平凡，越靠下的位置代表人生越悲惨。真正觉悟了的人，会坚定不移地向高处攀登，时刻警惕向下的引人堕落与沦陷的力量。

　　在《了凡四训》中，了凡先生教育他儿子天启时，就使用了人生的"坐标系原理"。

【原文】

　　远思扬祖宗之德，近思盖父母之愆①；上思报国之恩，下思造家之福；外思济人之急，内思闲己之邪②。

【注释】

①愆（qiān）：过失。

②邪：邪念。

【白话】

　　从远处讲，要思考如何传扬祖宗的美德；从近处讲，要思考如何弥补父母的过失。对上，要思考如何报效国家的恩德；对下，要思考如何为全家修福。对外，要思考如何救人之急难；对内，要思考如何预防自己产生邪念。

这就是了凡先生勾画出来的一个全方位平衡的人生坐标系：远思近思，上思下思，外思内思，三个维度，覆盖了两个极点。

首先说远思。 若自己有了一些智慧，要感恩祖宗的美德和智慧的加持，找到自己智慧的源头，不可自视清高——这是让自己保持与祖宗的链接关系，万不可数典忘祖。

其次说近思。 即使做了一些善行，也不足以弥补自己的罪过，更要多做善行去弥补父母所犯下的差错，不能只算自己的小账，不能有功满得意的错觉。即使行善也不能傲慢，更不能以为如此就能弥补过失造成的危害，还要想着多做善事替父母做一些弥补。

再次说上思、下思。 不能仅仅因为自己做了该做的事，就以为功德圆满；不能只为个人考量，还要为全家和后代多积阴德。个人行善不能只为自己造福，个人与国家命运相连，要想着报效国家。

然后说外思。 在外遇到别人有难，要将其作为自己报恩的机会，不能躲避，也不能冷漠，更不能幸灾乐祸，否则必然为自己引来祸殃。一定要毫不犹豫地伸手相助。若是视为与己无关，当下就显品性之卑劣和狭隘，即是一大过失。别人有难，尤其不能再去诅咒或者幸灾乐祸，这绝对是阴暗心态使然。

最后说内思。 时常观察自己的内心，即使没有变成外部的言行，内心的任何邪念也绝对不能放过，更不允许其滋生蔓延。正所谓，内心之念，人不知天知，天不知心知，只要产生了，就会变成能够对自己产生影响的一种能量，所以逢邪必灭、邪出必杀。这就是一个人最了不起的内功。灭心贼，要灭在萌芽之中，绝不可任其长大，否则就会后患无穷。

【原文】

务要日日知非，日日改过；一日不知非，即一日安于自是；一日无过可改，即一日无步可进①。天下聪明俊秀不少，所以德不加修，业不加广者，只为因循②二字，耽阁一生。

【注释】

①无步可进：没有进步。
②因循：因循旧习，不求进步。

【白话】

一定要每天反省自己的过失，改正自己的过失；如果一天不反省自己的过失，这一天就自以为没有过失了；一天没有过失可改，这一天就没有进步。天下聪明而杰出的人实在不少，他们之所以道德没有越修越好，事业没有越做越大，就是因为"因循"二字，白白地耽搁了一生。

世间最厉害的功夫，不是战胜别人，也不是一时战胜自己，而是时时刻刻永不间断地给自己纠错，这是一种能够创造奇迹的神奇能力。

了凡先生开导儿子，只要一天发现不了自己的过失，得过且过，就会虚度一天的光阴。一定要记住，每个人的重大进步，几乎都来自改过后出现的新境界。若是一天中没有发现过失和改正过失，就会让今天重复昨天，这就是生命的停滞，就是让时光白白流逝；这既是对生命巨大的浪费，也是对自己最大的辜负！

天下聪明的人很多，努力的人不少，之所以大部分人依然辛苦和纠结，那是因为疏忽了自己的进步。自己没有进步，事业往往就会陷入停滞。没有勤修自己内在的德行，没有认真、坚定地改正自己的过失，反而得过且过，苟且偷安，任凭自己的问题和过失继续存在、复制、放大和繁衍，直至泛滥成灾，最终毁了自己的一生。

由此可见，生命力的主导程序就是：不断地改过和进步，让自己不断地增值和完善，让每一天的自己都犹如新生一般。这才是最强大生命力的特征。

【原文】

云谷禅师所授立命之说，乃至精至邃、至真至正之理，其熟玩①而勉行之，毋自旷②也。

【注释】

①熟玩：反复、认真体会。
②自旷：自我荒废。

【白话】

云谷禅师所传授的立命之说，是最为精妙、最为深邃、最为真实、最为正确的道理，你一定要反复地仔细研读，并且按照其中的道理去做，千万不要自我荒废，虚度人生啊！

了凡先生将云谷禅师所授立命之说传授给自己的孩子，这是一个父亲送给孩子最宝贵的礼物哇！如果你也是父亲或者母亲，除了在生活上照顾孩子，有精神财富传递给孩子吗？

在中国传统文化中，爱孩子的父母，总是想着把最好的留给自己的孩子。若是自己不亲身践行改变命运的历程，作为父母，又能有什么样的力量传递给孩子呢？若是没有伟大的力量传递给后代，人类文明又如何连续不断地进化呢？孩子又靠着什么力量主宰自己未来的人生呢？

很多平时忙碌得顾不上修行的父母，想得更多的是帮助孩子置办一些家产，多留一些金钱给孩子，可孩子若是没有高尚的心灵和人生的智慧，仅仅靠一点家产和金钱，就能主宰自己未来的命运吗？

也有的父母不想留给孩子太多的家产和金钱，希望孩子能够靠自己的奋斗来赢得人生的一切。可是，若是不掌握人生命运的规律，若是不修自己的德行，若是不懂得利他行善，若是没有勇气改正自己的过失，仅靠勤奋和奋斗，就能主宰自己的命运吗？没有找准命运的方向，没有把握命运的能力而盲目地奋斗，没有自我内在能量的提升，任凭过失和错误在自己内心发酵和放大，恐怕也只能在纠结、折磨和挣扎中度过一生，这也是另外一种凄惨吧！

原来，命运的秘密就是心中能量的指向和能量的强度。

二、改过之法

第31讲：如何掌握预知福祸的能力？

现实中，人们总是在感叹福祸无常，这实在是折磨人，于是很多人去找高人测算祸福。实际上，祸福是有规律的，你若是掌握了祸福的规律，也可以有这种预知能力。从这一讲开始，我们来学习《了凡四训》的第二篇——《改过之法》。

【原文】

春秋诸大夫，见人言动①，亿②而谈其祸福，靡不验者，《左》③《国》④诸记可观也。大都吉凶之兆，萌乎心而动乎四体，其过于厚者常获福，过于薄者常近祸。俗眼多翳⑤，谓有未定而不可测者。至诚合天，福之将至，观其善而必先知之矣；祸之将至，观其不善而必先知之矣。

【注释】

①言动：言行举止。

②亿：通"臆"，预料、揣测。

③《左》：指《左传》，又称《春秋左氏传》，是一部编年体史书。

④《国》：指《国语》，是一部国别体史书。

⑤翳：遮蔽。

【白话】

春秋时期的一些士大夫，观察一个人的言行举止，就能预测出他的祸福，没有不灵验的，这在《左传》《国语》等史书中都有记载。吉凶的苗头，大都是首先在心里产生，然后在言行上表现出来。美德深厚的人常获福，而轻佻刻薄的人容易遭祸。世俗之人的眼睛会被很多事情遮蔽，看不清楚这一点，所以认为祸福变幻不定，是无法预测的。至诚之人上合天道天心，看到人的善行，就知道他将获福；看到人的恶行，就知道他将遭殃。

上天降福于行善的人，降祸于作恶的人，祸福将要到来的时候，一定会有征兆。对于很多人来说，命运、命理是神秘而难以捉摸的学问。了凡先生在此进行揭秘，展示了"命运学"与"命理学"的原理和逻辑。

首先，了凡先生说春秋时代的许多士大夫能预测人们的祸福，紧接着把士大夫们预测祸福的逻辑展示了出来：心—身—言行举止—命运结果。士大夫们是怎么预知祸福的，一下子就非常明朗了。原来，核心是"至诚"，"至诚"的核心是无念、无我、无相、无住、无执、无私，因而可以达到"至诚通天"的境界，也就是与天道天心合一。天道天心，说的是天地间的客观规律。人间的一切，都是天道天心在人间变换出来的形态，也可以说是天道天心在人间的投影。高人能够与天道天心合一，自然就知道了投影源，再看投影到人间的那些影像，也就没有什么秘密了。

比如，一般人所认为的善良的人，往往善良得不纯粹，也没有相应的智慧，所以他们看不清楚真相，往往会好心办坏事，还觉得自己很冤枉。他们也常常被欺骗、被算计，于是就会郁闷和愤愤不平，殊不知那些欺骗、算计他们的人正是被他们自己内心深处隐藏的污垢吸引来的。而这些伤害他们的人，其实都是来启迪他们升级心智的，就是从"不彻底的善良+智慧的薄弱+贪婪、轻信+神态上的自我暴露"进化到"上善极善+圆满智慧+无我、无私、无求+时刻反省、及时调整+没有自满、总能更好"这样的高级模式。明白了这个原理，你就明白为什么那些善良的人会有那样的遭遇了，甚至你也可以猜测他们过去的经历，预测他们未来会有哪些遭遇。

再比如，在现实生活中，有一种被称为"达克效应"的认识偏差——有的人认知结构存在欠缺，看不见自己的缺点和错误，也看不见别人的优点和长处，但这样的人又往往高度自恋，看起来很自信，实际上很自负。这样的人无论走到哪里都会把自己跟他人的关系搞坏，于是不断地换地方工作、生活，或者换人交往。若是了解了这些，你是不是就可以很容易地猜测出他过去的经历，预测他未来的发展了？

明白了"命运学"和"命理学"的原理之后，每个人都可以获得预知命运的能力。这个原理说起来也很简单，就是"内在决定外在"。只要内在持续地优化，外在就能不断地改善。我们的优点和内心的善良，就是我们内在善的、光明的能量，若是转化为我们的观念、思维和言行，就会构成我们现实和未来命运中美好的那一部分。同样，我们的缺点和内心的邪恶，就是我们内在恶的、阴暗的能量，若是转化为我们的观念、思维和言行，就会制造出我们现实和未来命运中悲惨的那一部分。还有一种可能，就是内外不一致，这也是极其消耗生命能量的模式：内心那种善的和光明的能量不能转化为我们的观念、思维和言行，也不能制造出美好的效果；或者内心那种恶的和阴暗的能量，不敢变成外在的言行，但变成了我们内在的冲突，变成了对自己的折磨和内心的消耗，如同毒虫噬心一般。

如此看来，人的命运基本上有以下四种模式。

第一种模式：内在的善与光明—观念、思维与言行—善与光明的效果—美好的命运。

第二种模式：内在的恶与阴暗—观念、思维与言行—恶与阴暗的效果—悲惨的命运。

第三种模式：内在的善与光明—观念、思维与言行—恶与阴暗的效果—不知反省、没有优化—悲惨的命运。

第四种模式：内在的恶与阴暗—观念、思维（无言行）—内外冲突—心力消耗—悲惨的命运。

当然，如果我们能够修正自己，就能打造一条命运的光明大道：心中只有善念和光明—完全转化成观念、思维与言行—加上智慧的方法—全部指向善的与光明的结果—保持自省、优化与精进不辍—美好的命运。

在现实生活中，我们都掌握了很多能力，尤其是生活和工作方面的能力。但如果没有掌握命运的规律，最终命运会怎么样呢？所以，要学习科学、哲学和文学，这样我们就不仅能够预知未来的命运，还具备打造美好命运的能力，将天道、人道、世道等倡导的美好品行全部融合到自己的生命中，让自己真正成为命运的主人。

第32讲：为何行善没能改变命运？

世上有这样一类人，他们会亲近圣贤，也会伸手助人，经常做好事，可是他们的命运一直没有大为改观，这令他们郁闷不已，旁观者也很疑惑。也有偏激一点的人，干脆就否定了行善："都说要行善，为什么我看到的是不肯行善的人不断提升，经常行善的人总是被压制呢？"你想知道这是为什么吗？

如果一个人做了十件善事，但是又做了一件恶事，是不是减掉这件恶事还剩下九件善事呢？不是的，若这样算账，可就大错特错了。人心的账，是善事的心理效应抵不过恶事的心理效应，一旦做了恶事，人们对你所做的善事的评价也改变了，也就是俗话说的"一粒老鼠屎能坏一锅汤"，这就是"恶事胜过善事"的效应。因此，我们要想改变命运，就要坚决改过。

【原文】

今欲获福而远祸，未论①行善，先须改过②。

【注释】

①未论：不说，还没有谈到。

②改过：改正错误。

【白话】

现在要想获得福祉而远离灾祸，在谈到行善之前，要先改正错误。

了凡先生通过自己的实践，参悟了"命运学"的原理，揭开了一些行善者无法改变命运背后的秘密：行善不改过，过失和邪恶就会糟蹋完行善助人所带来的正能量。就像用脏水洗衣服、用漏桶提水一样，怎么可能实现自己的目标呢？

很多关心人生命运的人急急忙忙地给自己积德造福，却忽视了前期的重要工作，那就是改过、去恶、止损、补漏。改变命运如同建房子，而改过、去恶、止损、补漏就是打地基，所积德行与福报就如同地基上的房子。如果地基没有打牢，那上面的房子就是危房。也就是说，先清理干净恶与过失的负能量，才能让行善的正能量造福于人。

现实中的很多人，明明内心存在着很多污垢，明明也犯了很多过失，明明也知道长此以往会积累出不好的结果，可是，又有几人能够把改过看成改变命运的基础和起步呢？人们在想什么？为什么会这样做？

看人容易看己难，看到也当没看见！

知过也会辩周圆，诿罪他人装笑脸！

过不致死不起愿，慢步滑向罪深渊！

得过且过混着走，谁知何时被审判？

心中平视人世间，何人仰头看天官？

没有成圣凌云志，聪明只能落凡间！

当我们看清了上述种种局面，就可以进行一番自我拷问：

人对自己最大的恶是什么？让毒瘤在生命中长大。为何要让毒瘤在生命中长大？若是能够将其消灭在萌芽状态，若是让那片心田长出美好的品行，不是更加符合生命的利益吗？

人最无耻的是什么？把自己的过失诿罪于别人，让自己得到解脱。人们有时会痛斥某些无耻的行为，但也会把自己的过失诿罪于别人，尤其是比自己弱的人，比如：父母不知自省，把自己的错误诿罪于孩子；领导者不知道下属犯错误是自己的过失导致的，而把责任全部归于下属……认为自己永远都是正确的，错的永远是别人，这样的人，会赢得众人的尊重吗？会有人真心追随吗？

人最荒唐的是什么？只要肉不疼、命不绝，就没有改过的紧迫感。可是，真的有人不怕死吗？到了命将绝之时，很多人内心都会充满恐惧。此时此刻，还有多少机会呢？人可都是只有一条命啊！

人最自欺的做法是什么？以为单件事、过去事、眼前事没有被清算，可能就会过关；实际上，有一本账一直在记录，只是等到了一定程度再做审判。人不改小过而非要等到大错出现吗？任何的恶，一旦放纵，就会被放大，就会更加骄横，就会到处乱窜，那些放纵自己的人，不知何时就被判官撞上了！

人生最大的生命机缘是什么？是多吃多占？是荣华富贵？是光宗耀祖？从古至今，大多数人的着眼点都在世俗层次上，陷入人间世俗名利的无休止的争端，如同一只知了猴，以为自己就是戴着壳在地下生存，却不知要爬出地面，蜕掉外壳，长出翅膀，就这样放弃了凌云飞翔的机会。

这些事说出来，几乎人人都知道有点荒唐，但现实中从不缺少这样的人。他们也许衣冠楚楚，但生命中的灵窍没有开启，依然过着低级动物般的生活。有多少人思考过自己此生的连续进化之路？有多少人思考过在身体停止成长后如何让灵魂继续成长壮大？若是不能从动物性快速进化到道德性，再由道德性进化到神圣性，人生就只能在低端徘徊了。

为什么很多伟人英雄，我们仰视他们，尊重他们？这是因为他们在自己的肉体停止成长之后，打开了生命的天窗，让自己的灵魂一直向上成长，让自己的生命持续不断地进化和优化。

第33讲：不知耻，就很难改过

俗话说："人有脸，树有皮。"《孟子·尽心上》中说："人不可以无耻。无耻之耻，无耻矣。"羞耻之心，人皆有之。这是人和禽兽之间的一个重要区别。当然，人身上也有自然性，有人说是动物性或者兽性，人要在成长的过程中不断地培养自己的社会性，提高道德修养，方能让自己避免沦落为禽兽。

了凡先生通过自己的实践，揭示了只行善不改过也无法改变命运的道理，紧接着又告诉我们若是不知耻，就很难改过。

【原文】

但^①改过者，第一，要发耻心。思古之圣贤，与我同为丈夫^②，彼何以百世可师？我何以一身瓦裂^③？耽染尘情，私行不义，谓人不知，傲然无愧，将日沦于禽兽而不自知矣；世之可羞可耻者，莫大乎此。孟子曰："耻之于人大矣。"以其得之则圣贤，失之则禽兽耳。此改过之要机^④也。

【注释】

①但：凡是。

②丈夫：男子汉。

③一身瓦裂：指修身失败。

④要机：关键。

【白话】

凡是要改正错误的人，第一，要有羞耻心。想想古时候的圣贤，我们同样是男子汉，为什么他们能够流芳百世，成为人们学习的榜样？为什么我的人生却像破碎的瓦片一样没有价值？沉溺于世俗名利，私下做了许多不应该做的事，总以为别人不知道，依旧傲然无愧，没有羞耻之心，逐渐沦为禽兽而不自知，人世间令人羞耻的事情没有比这更大的了。孟子说："一个人最要紧的就是要有羞耻之心。"有了羞耻之心，才可以成为贤人、圣人；如果没有羞耻之心，就会沦为禽兽。所以知耻是改过的关键。

改过的第一步，是要发耻心。很多人之所以很难改过，是因为不知耻；之所以不知耻，是因为对自己的要求不高；之所以对自己的要求不高，是因为给自己确定的参照系偏低，没有找到更高的参照系。即使是身体较弱的成年人，在孩子面前也是大力士；即使是很聪明的人，在天才面前也会有些自卑；即使平时修养很差的人，与罪犯相比似乎也是好人……你看，人间的事，就是这样比较出来的，关键是你参照的标准是什么。很多人心中的隐形程序是：用跟弱者的比较产生虚幻的强大感，来遮掩自己的虚弱和自卑，进而在虚幻的强大感中失去进步和变强的机会，就这样了此一生。

了凡先生的话给了我们一个启示：要想改变命运，就要建立高端的参照系，比如要跟古代的圣贤相比，把比较的重点放在他们名垂青史的美德与功绩上。在这种比较中，我们才能找到自己与他们的差距，才能为我们的低俗慵懒而感到耻辱；有了耻辱感，我们才会有改进的动力和进步的方向。

对于大多数人来说，改变命运的过程，就是人性进化的历程，就是从动物性走向神圣性的过程。我们可以大致将其概括为以下三个阶段。

第一个阶段——动物性：虽为人样，但心中更多是兽性，只看重自我和欲望，其活动也主要是在满足自己的生理欲望。若是不能快速地进化到道德性的阶段，人就与禽兽没有什么区别，甚至是禽兽不如。

第二个阶段——道德性：随着长大，生命中渐渐多了人的社会性、道德性、法律性，于是走出小我，建立与他人的基本和谐共生的关系。当然，如果没有从第一个阶段成长到第二个阶段，那就可能出现兽性发作，甚至是人性泯灭的状态。道德性若是没有神圣性的引领，就会在现实性的面前变得摇摆不定。

第三个阶段——神圣性：若是有机缘接受圣贤的引领，就有可能将社会性、道德性和法律性等上升到圣贤的高度，直至成为圣贤之人，成为人间楷模，为后世所敬仰。有的人认为自己就是个普通人，不可能成为圣贤。岂不知，圣贤都是由普通人修行而成就的。退一万步说，即使持续努力而终不能成为圣贤，也总可以持续不断地接近圣贤，进而避免道德性的摇摆不定或者在外部压力与诱惑下滑向动物性的深渊。

一个人，如果在年少之时有些荒唐，只要不伤及人命，总还是有被原谅的可能。可到了成年阶段，接受了很多教育，依然沉迷于私利，做一些害人利己的事情，甚至还会很坦然地去讲述给别人听，这本来是耻辱的事情，他却不以为耻、反以为荣，这就是无耻的状态了。

所以，对于改过这样一个改变命运的基础性工作来说，改变参照系，找到引领生命向前的光明力量，再提升知耻、断耻的能力，充分认识无耻在人间所带来的负面的涟漪效应和由此给自己带来的灾难性后果，也许就能激发出改过的愿望、产生足够的动力了。

第34讲：人为何要有敬畏之心？

　　人若是没有了敬畏之心，就会让小我膨胀，就有可能突破道德、人性和法律的底线，就会胡作非为，很容易走向堕落。若想让自己的命运变得更好，敬畏之心也是必不可少的。了凡先生根据自己的修行经验，提出了改过要发的"三心"中的第二心，就是"畏心"。纵观历史和现实，就不难发现，有大成就的人，既有追求真理的无畏之心，也有对大道的敬畏之心。

【原文】

　　第二，要发畏心[1]。天地在上，鬼神难欺，吾虽过在隐微[2]，而天地鬼神，实鉴临[3]之，重则降之百殃，轻则损其现福，吾何可以不惧？不惟是也，闲居之地，指视昭然。

【注释】

　　①畏心：敬畏之心。

　　②隐微：隐秘、细微。

　　③鉴临：监视。

【白话】

第二，要有敬畏之心。天地之神就在我们头顶，鬼神难以欺骗；虽然我们的过错在隐秘、细微的地方，但天地鬼神其实在监视着我们，过失严重的就降下种种灾难，过失轻微的则减损现有的福祉，我们怎么可以不敬畏呢？不仅仅是这样，哪怕是在独居的地方，我们的所作所为，天地鬼神也像观察自己的手指一样看得清清楚楚。

做坏事的人有个普遍的心理：偷偷摸摸地做，反正别人也看不见。了凡先生说，天地鬼神欺不过，因为它们始终在审视着人间，任何人的善恶都逃不过它们的眼睛。有人说："这是封建迷信，天地间哪里有鬼神哪？吓唬小孩还行，我才不信呢！"

这样的人看起来挺聪明的，也是反封建迷信的，只是他们还没有弄明白以下五个问题。

第一，天地间有无数的存在是人的肉眼看不见的，甚至用科学仪器也无法发现。 世界各个民族的文化中都有类似"鬼神"的表述，而且有很多大德之人赞同这样的说法。他们阐述了很多我们理解不了的智慧，似乎进入了一个神秘的世界，而我们进不去，自然用肉眼也看不到。我们既没有充分的证据和理由去否定，也没有充分的证据和理由去肯定那个世界的存在。那就先别下结论，不相信也不否定，这样是否可以呢？

第二，觉醒并不难，怕的是一直装睡。 如果我们不相信有一种看不见的力量在监督我们，我们会怎么做？一些道德薄弱的人就可能会突破人性的底线。于是，恶越作越大，自己越来越迷，甚至众人皆知，唯己最迷。如此下去，还会有好结果吗？这样做下去，难道就能获得个人追求的最大的利益吗？

第三，不同文化中的多种说法无非是让人不要无所顾忌，要懂得自律。若是将这种看不见的力量作为一种文化法则的形象化表述，在意识上将其作为文化道德法则的实质化功能，如中国民间流传的"头顶三尺有神明"，这种力量就会约束我们的兽性，使我们的道德之心更加坚定，而且会让我们时刻保持敬畏，有自律的觉悟，对我们的人生会产生积极的影响。

第四，算算账，懂得敬畏不就能让我们规避灾祸吗？若是我们不相信有一种神秘的力量在监督着我们，放肆任性地作恶，难道就不会付出代价吗？有一些人狂妄地声称什么也不信，于是放开手脚胡作非为，最终哪有不付出沉重代价的？为何非要通过胡作非为来证明是否有人或力量在监督我们呢？心怀敬畏，把自己的精力和心思放在做正道上的事不好吗？

第五，敬畏若能转化成只走行善一条路，也是一种自救的方法。也许有人不信这些，但能够坚持不做坏事，但行好事，还愿意通过修行让自己变得更好、更有智慧。这样的人也许有一天就会悟道，会发现圣人们说的那些话都是真的。

很显然，了凡先生相信了那些猜想，于是心中生出了能够让他改过和不犯大错的一种精神法则——常怀敬畏之心。

将相信的力量变成生命意识的一个重要组成部分，就如同安装了摄像头，随时监控着自己，也就杜绝了非分之想和侥幸之心。人到了这样的状态，就不用在相信与不相信之间来回摇摆了，这样是不是就能够减少心灵能量的消耗呢？是不是就能够把全部的心力都集中在正道上呢？让自己进入这样的状态不好吗？那些成为伟人和圣人的人，不都是因为走出了那种低级的状态，相信了伟大的力量而成就了伟大吗？

第35讲：看不见的力量实则很强大

在现实生活中，人们面对的不全是常规意义上的科学问题，有很多并非科学问题，但也绝非迷信，而是属于道德意识领域的问题。在这个特殊的领域中，自有其特殊的规律。若非要用科学思维来说，那就是有形与无形两种力量的互相转换和相互作用。即使是无形的力量，也能够发挥实质性的作用。这才是人类文明中的科学理性精神之精髓。

【原文】

吾虽掩之甚密，文之甚巧，而肺肝①早露，终难自欺；被人觑破，不值一文矣，乌得不懔懔②？

【注释】

①肺肝：内心世界。

②懔懔：畏惧、敬畏。

【白话】

虽然我们掩盖得很隐秘，掩饰得很巧妙，但是内心世界早已外露，很难欺骗自己；一旦被人看穿，就不值一文了，我们怎么能够没有敬畏之心呢？

有的人完成了改过的第一步，也就是知耻，但依然没有很好地去改过，那是因为他们没有敬畏之心。为什么会这样呢？因为他们只知道使用科学知识，却不懂得科学精神与理性思维，而将鬼神之类的存在简单地视为迷信。

毫无疑问，人类要同时面对两类问题：一是科学问题，二是道德意识问题。我们不能简单地套用科学思维去思考人类意识领域中的道德问题，因为道德意识是有其自身规律的一种人文现象，顺着道德意识的特殊规律走下去，大概率就能够摸索出命运的特殊规律，触摸到那扇光明之门了。

人类学习科学知识以后，会掌握运用科学思维去思考科学问题的方法与能力。但与此同时，人类还需要处理道德问题，以安排自己的精神生活。可是，并非所有人都经历了道德意识方面的专业训练，于是乎，就会出现这样一种怪现象：有一些在专业领域很优秀的人，在道德修养方面却存在着不足。在道德意识薄弱的时刻，他们会自欺欺人地认为，自己的过失没有被别人看见，或者自己有能力摆平，或者有后台保护，总之就是可以蒙混过关，甚至会有人公开叫嚣："我就这样了，你能把我怎么样？"这样的人，道德意识的成熟度明显与他们的身份、年龄甚至地位是严重不符的。道德意识领域中的因果律远远超出他们的认知和掌控范围，以至于他们毫无顾忌地种下恶因，以为不会收获恶果；殊不知，在因果律这样的大道面前，众生都是平等的，正所谓"天道好轮回，苍天饶过谁？"

用科学精神与理性思维，也可以更好地解释人间道德意识领域中的现象。科学重视事实，难道做了不好的事这种事实，只要别人看不见，就可以当作没发生或者不存在吗？人类所做的恶事本身就是一种事实，即使当下没有被别人看见，但它就在那里，被人发现只是时间早晚的问题。

用心理的观点学来审视，也可以说清楚。若是一个人做了恶事，即便没有被别人看见，这件恶事也会与这个人的良知发生冲突，这个做了恶事的人内心就会受到折磨，如被毒虫噬心一般。从客观与主观相互作用的角度来说，做了恶事就如同种下了恶因，恶事与良知的冲突就会在意识中形成一种力量，这种力量不仅会折磨作恶之人的心灵，还会降低他的心智、损害他的健康。他内心这种持续不断的能量运动会呈现在神态上，表现在表情上，正所谓"相由心生"。恶性力量不断蓄积和膨胀，就会形成毁灭性的力量。

当然，现实中有很多恶事是相对轻微的，往往也不会马上受到惩罚，于是作恶者就会产生对自己没有害处的错觉。岂不知，恶因只要种下，就会像病毒一样疯狂繁殖，并到处传播，让越来越多的人知道他的品行，于是就会让他失去人们的信任，渐渐地就会毁掉他的生活和事业。

因果律，这是一种通行于科学领域与道德意识领域中的天地大道，唯一不同的是：在科学领域要通过科学手段发现因果作用才算是科学，而道德意识领域中的因果作用往往是有形和无形之间的相互转换，很多时候是由当事人的内心感受来证明的。能够同时驾驭科学精神与理性思维，并能够随时转换使用的人，就能拥有更美好的人生。

第36讲：世上真的有"后悔药"

我们常常听见这样的调侃："药店里有很多药，但就是没有后悔药。"一些犯了严重罪行的人，在被抓捕之后醒悟了，痛哭流涕地忏悔，我们看到之后也只能摇头："早干吗去了？现在太晚了。"很多人不知道，真的有一种叫作"后悔药"的东西。这个后悔药不是科学领域的，而是道德意识领域的。通过实践改变了自己命运的了凡先生，就主张人要懂得及时吃后悔药。

【原文】

不惟是也。一息^①尚存，弥天^②之恶，犹可悔改。

【注释】

①一息：一口气。
②弥天：满天。

【白话】

还不仅如此。人只要有一口气在，即使有弥天大罪，也可以悔改。

了凡先生告诉人们，只要还有一口气在，就可以吃后悔药，只要激活仅存的一丝良知，就还有希望，就有蜕变重生的可能。很多人之所以滑向罪恶的深渊而越陷越深，就是不知道吃后悔药。有人可能在想：若是有人犯了很大的错，吃了后悔药就没事了吗？

这就是问题的症结所在。假如你是犯错的人，你当然期望吃了后悔药就彻底没事了，就像什么也没有发生过一样。假如你是别人做坏事的受害人，你愿意接受对方的道歉与忏悔而免除他的一切责任吗？话说到这里，我们就明白了，吃后悔药不是抹掉已经发生的过失、错误或者罪恶，而是不继续沦陷，就此止住错误的脚步或者缩回罪恶的手。

有人会说："那还叫什么后悔药哇？我还以为吃了就彻底好了呢！虽然认错了，但还避免不了惩罚，这也没管什么用啊！"若是这么想，就大错特错了。吃后悔药的本质是激活生命中一种高贵的力量——良知。良知被激活，就能改变命运的发展方向，即使无法找到人生的最优解，也能达到次优或避免最差。

【原文】

古人有一生作恶，临死悔悟，发一善念，遂得善终者。谓一念猛厉①，足以涤②百年之恶也。

【注释】

①猛厉：猛烈、决绝。

②涤：洗刷。

【白话】

古代有人一辈子作恶，临死时悔悟了，产生了善的念头，就得到了善终。因为他强烈的悔改之心和猛烈的行善的念头，足以洗刷他一生的罪恶。

你看，道德意识领域里的力量多么迷人哪！即使一生作恶，死前突然醒悟，一念良知复活，足以洗掉一生罪恶！说到这里，有人可能又要抬杠了："如果死前醒悟都能免罪，那就随意犯罪，到死前再拯救自己吧！"可是我们别忘了，作恶的人从作恶时起就受到良知的煎熬了，在那种漫长的煎熬中能活多久呢？作恶一旦没有了顾忌，那不就是作死吗？

【原文】

譬如千年幽谷①，一灯才照，则千年之暗俱除；故过不论久近，惟以改为贵。但尘世无常，肉身易殒②，一息不属，欲改无由矣。

【注释】

①幽谷：幽暗的深谷。
②殒：死亡。

【白话】

这好比持续千年的黑暗深邃的山谷，只要有一盏灯照进去，千年来的黑暗就完全消除了。因此，过错无论是最近犯的，还是很久以前犯的，只要改正，就很可贵。但是世事无常，肉身容易死亡，一旦一口气上不来，就是想要改过，也没有机会了。

由此可见，道德意识领域是人性化的，里面充满了慈悲，充满了机会，充斥着各种境遇下的最优选择。尽管如此，我们也不要放松自己，因为尘世无常。若是还没有来得及改过就去世了，会怎么样呢？且往下看。

【原文】

明①则千百年担负恶名，虽孝子慈孙，不能洗涤；幽②则千百劫沉沦狱报，虽圣、贤、佛、菩萨，不能援引③。乌得不畏？

【注释】

①明：指在人世间。

②幽：指在阴间。

③援引：救助。

【白话】

在人世间，千百年都背负着恶名，即使有孝顺仁慈的儿孙，也不能为你洗除；在阴间，千百劫沉沦在地狱里受苦报，就是圣、贤、佛、菩萨，也不能救助你。怎么可以不畏惧呢？

了凡先生告诉了我们一个道德意识领域的规律：每个人的因果，主要由自己承受和消解，别人即便能帮一点忙，也不能起关键作用。人如果作了恶、犯了罪，这样的阴影也会影响到自己父母、配偶、儿孙的心气状态，这也是作孽吧？即便这个人已经死了，别人不再追究他的责任，他的亲人也要付出长久的代价，这样的人是不是太自私了？

人非圣贤，孰能无过？活着的人都有缺点，做事的人都会有过失。

了凡先生的实践告诉我们，自己的过失和错误就是自己的负债，早还早了。发现过失就要立刻去改，不要积累到一定程度才发现无处下手。即使过失和错误再多，也不要破罐破摔，只要发大愿痛改前非，就能开启新生。能够认错改错，这本身就是在增长自己的美德，如同生病了找医生医治一样，病好了，身体就恢复健康了。自己犯下的过失和错误，不会随着时间的流逝而消失，唯有积极地改过和加倍地行善积德，才能让人生的账恢复平衡，没准儿还能收获点利润。即使是一息尚存，也要勇敢地让自己活在良知的支配中，而不能让自己死在罪恶的深渊中。

第37讲：人活一口什么气？

你见过"活而无气"的人吗？也许，你听到这四个字觉得很诧异："不对呀，人活着的时候就是要有气呀，没气了怎么还能叫活着呢？"按照我们的常识来理解，人活着就是有气，没气了就是人死了。但这讲的是人的生理方面。你想过人还有精神和灵魂方面的气吗？

现实当中很多人活得死气沉沉，虽然人还活着，身上却有了死气；也有不少的人活得朝气蓬勃，这不仅仅限于年轻人，一些活明白了的老年人，依然活得朝气蓬勃。你看看，这不就是完全不同的生命状态吗？

可能会有人说："谁也不想活得死气沉沉哪，可是谁知道人的精气神到底跑哪里去了？"这是个好问题。简单来说，这与人的精气神管理有关，主要涉及三个方面的问题：第一，是否有崇高的志向可以吸收天地之气？第二，平时是否坚持学习，给自己的灵魂充电？第三，在遇到问题或者困难导致漏气、泄气时，自己是否不断地修理、修补自己？

"改过"实际上就是自己修理自己。生活中，有太多的事情会消耗人的精气。每个人或多或少都会有些或大或小的毛病，会犯一些过失，会郁闷、愤怒、憎恨、发脾气等，这些都是耗气的。若是明知自己有这些毛病，但就是下不了手去改正，一次次地放过自己，让毛病不断地增多，变得严重，整个人的状态就会越来越差，命运就会变得越来越糟。所以要想改过，就要从现在做起，不要拖延。

通过自省，了凡先生认为不管是不能考中科举还是不能生子，都跟自己内在的毛病有关。但了凡先生成功地改变了自己的命运，他的重要经验之一就是对自己的毛病下手要狠。了凡先生在开导他的儿子天启如何改过时，说到了第三个发心——发勇心。

【原文】

第三，须发勇心。人不改过，多是因循退缩；吾须奋然①振作，不用迟疑，不烦等待。

【注释】

①奋然：发奋的样子。

【白话】

第三，要有勇猛心。一个人之所以不改过，大多是因为循旧习而退缩。我们一定要发奋振作，不能迟疑，不能等待。

无论是做人还是做事，都要有善心、善法。善心要纯正，善法要精准。当然，还要把握好时机，拿捏好分寸。改正自己的过失或者错误时，则不可迟疑，要当下就改。有很多人虽然有改过之心，却输在犹疑不定，不能当下决断上。

之所以会出现这样的问题，比较普遍的原因有三个：一是不甚紧急，没有外部强力的压制，即使不改正，也不会马上付出沉重的代价；二是对改过的紧迫性和不改过的危害性的认识不够深刻，导致改过的内驱力不足；三是苦头吃得不够，内在的力量不够强大，所以就没有形成修理自己的雷厉风行的作风。

【原文】

小者如芒刺①在肉，速与抉剔；大者如毒蛇啮②指，速与斩除，无丝毫凝滞。此风雷之所以为益也。

【注释】

①芒刺：小刺。

②啮：咬。

【白话】

小的过失就像小刺扎在肉里，要想办法尽快把它拔出来；大的过失就像被毒蛇咬了手指，要想保命，就要马上把手指砍掉，不能有丝毫的犹豫。这就是雷厉风行的好处。

此处了凡先生引用《易经》的第四十二卦益卦来说明改过的风格与益处。本卦是异卦相叠，下卦为震，上卦为巽。巽为风，震为雷。当雷声大作时，震起巽风，就使地上的万物得益。了凡先生在此处引用，主要取其"雷厉风行"之意，跟高效执行力有点类似。与之相反的表现就是口头答应，但行动上拖拖拉拉。在自己改过一事上如果也是如此，就会一再自误，导致过失和错误蓄积，让自己越来越堕落。

了凡先生在讲解了改过的"三心"之后，做了个总结。

【原文】

具是三心，则有过斯①改，如春冰遇日，何患②不消乎？

【注释】

①斯：就，马上。

②患：担心。

【白话】

具备了羞耻心、敬畏心和勇猛心，有了过失就能马上改正，就像春天的薄冰遇见了阳光一样，还担心它不消融吗？

总听人们说"人就是活一口气"，是什么样的一口气呢？

面对自己的过失和错误，需要一口勇气；

日常生活中与人相处时，需要一口和气；

面对困难众人皆犹豫时，需要一口霸气；

出现混乱众人皆躁动时，需要一口静气；

众人争利而出现纠纷时，需要一口大气；

身份卑微而遭人打压时，需要一口志气；

带领众人一起干大事时，需要一口神气；

众人昏沉致局面污浊时，需要一口清气；

有人想诱惑和收买你时，需要一口骨气；

处高位面对芸芸众生时，需要一口客气；

面对陈旧腐朽的事物时，需要一口锐气。

大家看看，"人就是活一口气"，这"一口气"就是主导那个特殊局面的灵魂。

我们若是对改过缺乏勇气，那就是处在灵魂之力不足的状态。当然，灵魂之力的提升不是一朝一夕的事。但改变自己的过失与错误这种事又时不我待，若能有缘遇到贵人相助，借势雄起，自己的生命就会顷刻间进入一个新的阶段、一种新的状态，进而打开一个新的世界。

第38讲：改过先从事上开始

世上有很多种职业，几乎每一种职业都有自己的一套技术，有了技术，才能更好地传承。了凡先生不仅用自己的人生经历证明了改变命运的原理，还总结出了一套方法，这值得我们高度重视。也许我们可以在了凡先生的基础上，进一步发展出更加完备的技术体系。

了凡先生提到了改过的三个切入角度。

【原文】

然人之过，有从事上改者，有从理上改者，有从心上改者。工夫不同，效验亦异。如前日杀生，今戒不杀；前日怒詈^①，今戒不怒；此就其事而改之者也。强制于外，其难百倍，且病根^②终在，东灭西生，非究竟廓然之道也。

【注释】

①詈：骂。

②病根：指犯错的根源。

【白话】

但是，人的过失，有从事上改的，有从理上改的，也有从心上改的。方法不同，效果也就不一样。比如以前杀生，今后不杀生了；以前发怒骂人，今后不发怒骂人了。这就是从事上改。从外面强制自己去改正，百般艰难，而且犯错的根源一直存在，改正了这个过失，又犯了那个过失，这不是彻底改正过失的办法。

很多人虽然有过改过的经历，但对于改过的规律了解得不深、不透，因此改过的效果也不是很好。就如同有病看医生时，没有确诊，就草草地进行了一些治疗，可想而知，这样的治疗效果能好到哪里去呢？

现在的教育很发达，有各式各样的专业课程，但关于人生或者生命的立命与改过，似乎没有专门的课程，没有成体系的技术方法。因此，很多人都是按照自己的思考进行改过的，方法自然也就五花八门，其效果也就差异很大。这是值得我们认真反思的。

那什么是从事上改呢？

所谓的从事上改，就是改变处理事情的态度与方法。因为任何人的态度与行为都是由内在思维之理和心性发源之根决定的。如果只是解决末梢而不解决内在的根本与过程，当然就很难除根，因此只能算是下策。

从事上改过，是从行为上改变，而不是从内心改变。有些人嘴上承认自己错了，心中那犯错的根源却没有去除，依然觉得自己有理，承认错误只是无奈之举；或者觉得自己冤枉，自己是受人驱使，不是始作俑者。若是停留在这种状态，只要外部环境稍有机会，就会旧病复发。如同人因为感染细菌而发烧，只是吃了点退烧药，却没有杀死细菌，这样的治疗有可能会让感染进一步延续或者扩大。所以，仅仅从事上改过，就不是彻底的改过，可能仅仅是一次会带来更严重后果的虚假的改过。

也许有人会问，既然从事上改看似必要，但又不是最重要的，为什么还要从这儿开始呢？按照从内到外、从根到梢的顺序依次改过不是更好吗？

要回答这两个问题，就不得不提中华传统文化中四个重要的方法论。

第一，及时止损。我们的行为会直接导致一些后果，若是不能控制这些行为，我们要付出的代价就会增加。所以，及时止损不失为明智之举。比如脾气不好的人，要懂得制怒。很显然，怒气跟人的内在修为、价值观、思维方式与处理问题的方法有关。但内在的改变不是一朝一夕的事，所以首先要止住这种负面情绪，避免在负面情绪下思考和行动，从而避免在冲动之下导致问题恶化或者制造新的问题。这是不是很重要，也很急迫呀？

第二，制造缓冲。人的内在问题没有得到彻底解决，也就无法在态度与行为上找到解决问题的理想的方法。哪怕是并不彻底的、并不理想的方法，只要能够有效地减缓事情的恶化，就能够给自己赢得一些缓冲时间，在这段时间里，我们就有可能找到更好的方法。

第三，激发灵智。面对眼前要处理的一些紧急问题，即便我们事先没有做好准备，也可能会有意外的收获，那就是会激发我们的灵智——灵机一动，想出一个超出自己过去知识与经验的非常规的方法。对于很多人来说，无法事先做好一切准备，在遇到事情时能够激发灵智，也不失为一种积极的策略。

第四，印证智慧。也许我们对于自己过去的经历还是信心满满的，但若遇到新的情况，过去的智慧是否依然灵验和有效，则只有通过行动和最终的结果来证明。

如此说来，从事上改很有必要，尽管这不是最彻底的，但是也有其积极的、正面的意义与价值。

第39讲：改过要从理上捋顺

我们的任何行为，背后都有一个驱动的力量，就是我们认为正确的
"理"。如果行为和结果出了问题，我们就要反思我们认为的那个理错在了
哪里。当然，不少人会本能地选择为自己辩护，觉得自己的理没有错，若
是这样，也就是没有真正认错，那还会改过吗？所以，要想真正改过，就
要深入到理上。

【原文】

善改过者，未禁其事①，先明其理。

【注释】

①事：错误的事情。

【白话】

善于改正过失的人，在强制自己不要做一件错事之前，一定要先把其
中的道理弄明白。

要想改正外部的行为过失，先要在内在的理上找原因。也就是说，你
之所以那样做，必然有自己内在的道理，这个道理，就是外在行为的驱动

力。找不到这个驱动力，行为就很难真正改过来。

改内在的理，首先要找到自己的理错在哪里。若是没错，缘何去改？若是没有醒悟到自己的错，即使迫于外部压力去改，也不是真改。若是有错，缘何不改？若是百般抵赖，岂不是错上加错？留着这样的错岂不是在育未来灾祸之种？

了凡先生用自己经历的两个事例，来说明如何去挖掘行为背后的理，又如何去改变内心的那个理。

第一个事例是杀生。

【原文】

如过在杀生，即思曰：上帝好生，物皆恋命，杀彼养己，岂能自安？且彼之杀也，既受屠割，复入鼎镬①，种种痛苦，彻入骨髓。己之养也，珍膏②罗列，食过即空；疏食③菜羹，尽可充腹，何必戕④彼之生、损己之福哉？又思血气之属⑤，皆含灵知⑥，既有灵知，皆我一体，纵不能躬修至德，使之尊我亲我，岂可日戕物命，使之仇我憾⑦我于无穷也？一思及此，将有对食伤心，不能下咽者矣。

【注释】

①鼎镬：古代的烹饪器物，相当于现在的锅。

②珍膏：珍贵的食物。

③疏食：粗茶淡饭。

④戕：杀害。

⑤属：种类。

⑥灵知：有灵性，有知觉。

⑦憾：怨恨。

【白话】

比如，在犯杀生之过之前就想到：上帝（造物主或者天地造化的一种称谓）爱护生灵，任何生物都是爱惜自己的生命的，杀了它们来供养我们，怎么能心安呢？况且它们被杀，既受宰割，又被放进锅里烹煮，种种痛苦，透彻骨髓。我们养活自己的餐食，即便是满桌的珍馐美味，吃过之后就什么都没有了；粗茶淡饭也完全可以饱腹，何必一定要杀害生命，去折损自己的福报呢？又想到有血有肉的生物都是有灵性与知觉的，既然有灵性与知觉，就应该是我们的同类，纵然我们不能修得很高的道德，让它们尊重、亲近我们，又怎能杀害它们使它们没有期限地怨恨我们呢？一想到这些，面对着这些食物我们就会感到很难过，难以下咽了。

第二个事例是制怒。

【原文】

如前日好怒，必思曰：人有不及[①]，情所宜矜[②]；悖理相干，于我何与？本无可怒者。又思天下无自是之豪杰，亦无尤人[③]之学问；行有不得，皆己之德未修，感未至也。吾悉以自反[④]，则谤毁之来，皆磨炼玉成[⑤]之地；我将欢然受赐，何怒之有？

又闻谤而不怒，虽谗焰熏天，如举火焚空，终将自息；闻谤而怒，虽巧心力辩，如春蚕作茧，自取缠绵[⑥]。怒不惟无益，且有害也。其余种种过恶，皆当据理思之。此理既明，过将自止。

【注释】

①不及：做得不好的地方。

②矜：怜悯。

③尤人：归咎于人。

④自反：回过来要求自己。

⑤玉成：琢磨成玉，比喻通过磨炼使人有所成就。

⑥缠绵：纠缠，烦恼。

【白话】

比如以前喜欢生气，就一定要想到：别人做得不好的地方，按情理我们应该同情他；别人不讲道理来冒犯我们，与我们有什么关系呢？所以，本来就没有什么可以生气的。又想到天下没有自以为是的豪杰，也没有归咎于别人的学问；自己的行为没有得到别人的认可，是由于自己的德行没修好，不能感化别人。凡事都要从自己身上找原因，把别人的谤毁都当作磨炼我们、帮助我们，使我们有所成就的好机会。我们应该欢喜地接受这些恩赐，有什么好生气的呢？

再者，受到别人诽谤时不要生气，哪怕谣言气焰嚣张熏天，也像拿着火把燃烧天空一样，没有什么东西可烧，火自己就熄灭了。如果受到别人的诽谤就生气，即便用心去申辩，也是作茧自缚，自找麻烦。生气不仅无益，而且有很多害处。至于其他种种过错和罪恶，都应当根据道理去细细思考。道理想明白了，各种过失自然就不会再犯了。

古时的"学问"是讲究怎样做人，怎样修养德行的，正所谓"读书志在圣贤"。他人之谤毁，是在消除我们的业障，增强我们的能力，磨炼我们的意志，提升我们的境界，所以说它是"磨炼玉成之地"。"吾悉以自反"这一方法十分有效，我们要常常以责备别人的心来责备自己，以宽恕自己的心来宽恕别人。闻谤不怒、不答，真是止谤的妙法！

外在的行为，是由内在的理所决定的。若是找不到理上的错误之根，外在的改过就不可能自觉自愿地发生。若是模模糊糊地从行为上认错改过，却并不清楚这种过失之所以被称为过失的真正道理，改过的效果就会很差，后续的行为也很难持久，因为任何外在的行为，都是由内在自己所认为的道理所决定和驱动的。

了凡先生举了两个自己亲身经历的"从理上改"的例子，就是想让人们明白，只有明白了内在的理上的错误，外在的行为才会得到真正的改变。这有点像是釜底抽薪：一口大锅里的汤，因为沸腾而溢出来了，那就要采取两个动作，先把锅盖揭开，再把锅底的火撤掉。

如果一个人知道着急、发脾气不仅会伤害别人的感情，还会伤害自己的身体，严重背离自己所追求的真正目标和看重的人生利益，就会降低自己着急、发脾气的频率。

如果一个人知道超重会给身体各个器官带来多么沉重的负担，就能真切理解各个器官的痛苦，主动采取行动去减轻自己的体重。

如果一个人知道自私自利会被很多人瞧不起，让别人在未来对自己产生负面的看法，反而违背了自己未来的利益，就会摒弃自私自利的想法，升级自己追求的利益和实现利益的方式。

如果一个人看过牲畜被屠宰时的惨痛模样，听过它们被宰杀时痛苦的嚎叫，知道过多地食肉带给生命的具体的危害，也许就会降低对肉食的喜爱度，多吃一些素食。

总之，改过不能仅仅是改变一种做法，而是要从道理上搞明白，通过明理而改变行为。这是改过的中策。

第40讲：改过的根本是从心上改

人生就像一场演出，历时几十年，悲剧与喜剧都会上演。我们就是演员，那编剧和导演是谁呢？古人在两千多年前就已经发现了人生的那个导演，他的名字就叫"心"。可这个"心"在哪儿呢？

佛祖曾经带着他的弟子阿难七处征心，可见对于专业的修行者来说，找到自己的心都那般不易。可觉悟的圣人们又明明白白地告诉我们：我们的本心都是充满光明的，只要把个人的恶欲剔除，人生就会变得富足。道家的老子更是告诉我们"致虚极，守静笃"六字法门，只要心中虚静到没有一丝杂念，这个世界的真相就会全部呈现。奔波于红尘中的我们，恐怕都觉得这样的境界离自己甚远。

那适合我们这些凡人的改命法门又是什么呢？

【原文】

何谓从心而改？过有千端①，惟心所造；吾心不动，过安从生？学者②于好色、好名、好货、好怒种种诸过，不必逐类寻求，但当③一心为善，正念现前，邪念自然污染不上，如太阳当空，魑魅④潜⑤消，此"精一"之真传也。过由心造，亦由心改，如斩毒树，直断其根，奚必枝枝而伐、叶叶而摘哉？

【注释】

①千端：千万种。

②学者：求学问的人，修养道德的人。

③但当：只要。

④魍魉：妖魔鬼怪，此处比喻各种过失。

⑤潜：秘密地，不声张。

【白话】

什么叫作从心上改过呢？过失有千万种，都是从内心产生的；如果我们的心不起坏念头，过失怎么能够产生呢？修养道德的人，对于好色、好名、好财、好怒等各种各样的过失，不用一种一种地去寻找改正的方法，只要一心为善，邪念自然就不会出现；就像太阳升上天空，妖魔鬼怪就会悄悄逃走，这就是"做人要精诚专一"的真传哪！过失是从内心产生的，所以也要从心上改正，如斩毒树，直接断掉它的根就可以了，何必要剪掉一根一根的树枝，摘掉一片一片的叶子呢？

【原文】

大抵①最上者治心，当下清净；才动即觉，觉之即无；苟未能然，须明理以遣之②；又未能然，须随事以禁之。以上事而兼行下功，未为失策；执下而昧上，则拙矣。

【注释】

①大抵：大体上看。

②遣之：送走。

【白话】

大体上看，最好的改过方法就是修养心性，随时随地进入清净的境界；只要邪念刚一萌发，立刻就会觉察，一旦觉察，立刻就会把它清除掉；如果还没有做到这一点，就必须从理上改，弄明白道理以把邪念清除；如果这一点也无法做到，就必须从事上改，根据具体的过失去纠正。运用上策改过的同时，运用一些中策、下策，这不算失策；只用中策、下策，而不用上策，就是愚昧了。

从心上改过，这是改过的上策。"万法唯心造"，是我们的心导演了人生中的一切。请注意，这可不是什么唯心主义。很多人搞混了两个相似的概念：唯心主义和唯物主义说的是世界本原或者世界第一性的问题，而"万法唯心造"说的是人生智慧问题。了凡先生在改过的方法上，给我们演绎了一个基本的逻辑，就是"心—理—事"，"心"是后台的编剧，"理"是组织演员演出的导演，而"事"就是出场演出的演员了。

一部戏的根本在于编剧，情节上能否动人心弦在于导演，而能否把观众拉入剧情中，就要看演员的功夫了。每个人都想为自己编导出一个精彩绝伦的人生，可现实的人生却往往不是这样，以至于一些人感慨人生时会说"人生之不如意事十之八九"。

世界上的各种文明、中华文化中的各个学派，都或多或少地会提到人心的问题。在这里，我们不讨论各种玄之又玄的理论，**只想与大家一起思考一个问题：人的心里到底住着什么？**

当我们遇到一件特别的喜事，就好像有一种欢喜住进了我们的心。于是，我们再看这个世界时，会感觉处处都是欢喜：很多平时觉得没什么意思的事情，也变得有趣起来；对于平时看不惯或者嗤之以鼻的人和事，也可以包容了。换言之，我们看到的一切仿佛都发生了变化。很显然，那件喜事是这一切变化的关键。

当然，过了一段时间，那件喜事在记忆中就会变得越来越模糊。于是，我们渐渐地回到了一种起伏变幻之中：心情好的时候，觉得这个世界还不错；更多的时候心里有种说不清、道不明的无聊与落寞，于是我们眼中的世界也变得有点糟糕。若是遇到了令自己很不开心的事，有一个叫"不开心"的小家伙就会住进我们的心，他就像个捣蛋鬼一样，指挥着我们的头脑思考一些肮脏和卑鄙的事情，再让我们表演出来。我们的大脑、嘴巴和手脚合在一起，让自己变成了一个提线木偶。

在现实生活中，有两类有着非常典型的心灵状态的人：一类是心中住着善的人，一类是心中住着恶的人。心中住着善的人，礼貌、宽容、和气、友善，即使别人对他们有所冒犯，他们也总是能够微笑着回应。因为他们的大脑在善的引领下确定善是正确的，嘴巴和手脚就会接到大脑相应的指令，处处言人之善，对人时时行善。于是，善就会不断地积累和延伸，最终堆砌成为善者的命运。心中住着恶的人，则冷漠、粗鲁、挑剔，爱指责别人，即使别人没有冒犯他，他也总是不怀好意地攻击别人。同样，这是因为他们的大脑在恶的引领下将自私和邪恶视为正确的，嘴巴和手脚也会接到大脑相应的指令，处处言人之恶，处处为自己谋划和算计，甚至不择手段，即使会伤人也要达到利己的目的。于是，恶就会不断地积累和延伸，最终堆砌成为恶者的命运。

明白了这样一个技术过程，我们就要思考如何让善住进我们的心里。这是中华圣贤文化的价值所在，也是了凡先生之所以能够改命的关键。心中守住一个善念，理解善的原理，给我们的生命安装上善至善的人生信仰，这就是所谓的"善护念"。这样，善良就会把我们引向光明的方向。当我们知道了人生最高的选择之后，一直奔向那片光明，改变命运也就不是什么难题了。

第41讲：改过后会有什么吉象？

在人类文明史中，那些开宗立派的文化大家，都是他们的思想理论的亲历者、亲证者，他们既是自己思想理论的样板，也是后世的楷模。了凡先生把自己学习到的知识与方法运用到自己的身上和自己的家庭中，并取得了实际效果，改变了命运。《了凡四训》这本书就是他的知识、智慧与方法的汇集。

了凡先生那样真诚地去改过，取得了什么样的效果呢？

【原文】

顾①发愿改过，明须良朋提醒，幽须鬼神证明。一心忏悔，昼夜不懈，经一七、二七②，以至一月、二月、三月，必有效验。

【注释】

①顾：但是。

②一七、二七：一个七天、两个七天。

【白话】

但是，发愿改过，在人世间必须要有良朋提醒，在肉眼看不见的空间须有鬼神做证。全心全意忏悔改过，昼夜都不松懈，经过一个七天、两个七天，以至一个月、两个月、三个月，就一定会有效果。

修行改过，需要有一明一暗两个抓手。

在修行中，弄懂圣贤的道理是最重要的。但仅仅懂得了道理，还不能真正进入到修行的轨道。因此，就需要与道理相配的方法与道具，也就是抓手。若是没有找到合适的抓手，就很难把修行这样一件重要的事落到实处。至于这些方法与道具叫什么名字，倒不是最重要的，重要的是它们的功能和作用。

了凡先生在发愿改过的历程中，把一明一暗两种力量作为自己改过的考官：明的就是有美好品德的朋友给自己的印证、指导和纠偏，而不是完全依靠自己的主观感觉；暗的就是看不见的力量，犹如神明时刻监督着自己，让自己不会偷懒或者投机取巧。明着的力量还好理解，这暗着的力量因为肉眼看不到，就让一些人有点费解。肉眼看不到的并不代表不存在，用科学思维去想，那也许是一种宇宙自然的秩序；如果人作恶，就会触动那种秩序，然后遭到反弹，即使一时没有感到反弹的力量，这种力量也在积蓄，直到某个时刻以一种特别的方式来教训或者启迪我们。只要是用于我们个人改过和进步，什么叫法倒也不必过于计较，就权当是我们修行中使用的一种道具、监督我们自律的一种力量吧。

【原文】

或觉心神恬旷①；或觉智慧顿②开；或处冗沓而触念皆通；或遇怨仇而回嗔作喜；或梦吐黑物；或梦往圣先贤，提携接引；或梦飞步太虚；或梦幢幡宝盖。种种胜事，皆过消罪灭之象也。然不得执此自高，画而不进。

【注释】

①心神恬旷：心旷神怡。

②顿：突然。

【白话】

或是觉得心旷神怡；或是觉得突然有了智慧；或是处在烦琐纷乱的事务中，突然产生了把事情处理妥当的清爽之感；或是碰到仇人而不感到恼恨，反而觉得欢喜；或是梦到吐出黑东西来；或是梦到往圣先贤提携接引；或是梦到在太空飞翔、漫步；或是梦见佛、菩萨。这种种好的景象，都是过消罪灭的征兆。但是不能因此就自视甚高，止步不前。

在这一段中，了凡先生集中阐释了自己所感受到的改过之后的一些"罪灭"效果。

第一，自我感觉心旷神怡。这是心灵获得解放和变得清明的一种喜悦。不仅亲历者能感觉到这种喜悦，有修行经验或者与亲历者有亲密接触的人，也能感受到他们这种内心状态的变化。这就是改过之后他们心底的光明在照耀。

第二，自我感觉智慧顿开。过去看不清楚、看不懂、让人困惑、找不到办法处理或者努力后收效甚微的事情，突然变得简单了，而且处理方法也很简便，关键是效果出奇地好！这就是改过之后智慧获得提升的表现。

第三，事务烦琐时灵感突显。很多人在烦琐的日常事务中，往往会忙得晕头转向，顾此失彼。这样的状态持续得久了，人就会显得狼狈不堪。但改过之后内心清朗，我们内心深处的灵感就会得到解放，让我们在喜悦中获得一些意想不到的智慧。

第四，心灵解放，反向喜悦。普通人遇到自己的仇人或者不喜欢的人，往往会心生厌恶、怨恨。但改过之后，心灵的背景发生了变化，对理的价值逻辑也重新进行了建构，再遇到过去让自己厌恶和怨恨的人或事，反而会心生喜悦。

第五，秽吉交错，喜梦连连。了凡先生改过之后梦到了这样的奇异景象：或梦见吐黑物，或梦见往圣先贤提携接引，或梦见在太空飞翔、漫步，或梦见佛、菩萨。这是在梦境中——我们心灵的另外一个隐蔽的世界里所发生的误会被排除，光明被引进，生命获得自由的征象。虽然我们对于梦境的认识还很粗浅，但梦境给我们带来的启迪和暗示已经足够让我们惊喜了。

第42讲：如何避免喜事变成坏事？

人们都渴望改过之后能够发生一些喜事，这也是人之常情。可是，人们似乎天生就拥有一种让人匪夷所思的力量，会把好事变成坏事，又把坏事变成更糟糕的事。这背后到底发生了什么呢？了凡先生亲历、亲证了自己命运的改变，他能够避开这种局面吗？若是能，他又是如何做到的呢？

【原文】

昔蘧伯玉当二十岁时，已觉前日之非而尽改之矣。至二十一岁，乃知前之所改，未尽也；及二十二岁，回视二十一岁，犹在梦中[①]。岁复一岁，递递[②]改之。行年五十，而犹知四十九年之非。古人改过之学如此。

【注释】

①犹在梦中：迷迷糊糊。

②递递：一个接一个。

【白话】

从前的蘧伯玉先生二十岁时已经觉察到自己之前的过失，并全部改掉了。到了二十一岁，又觉得二十岁时并没有把过失改彻底。到了二十二岁，回顾二十一岁时，觉得自己过得稀里糊涂的。就这样，一年又一年，每一年他都在前一年的基础上加以改进，五十岁时，仍然能觉察到四十九岁时改得不彻底的地方。古人竟是如此改过的。

在现实生活中，我们会经常见到这样的现象：人一旦取得一些进步，就会得意忘形或者自我膨胀，进而就会停滞，甚至可能会倒退。如此这般，人岂不就陷入了一种困局？这样的困局，似乎又在昭示着人类的一种宿命：若是不改过，不进步，就会为自己的命运积累罪恶的力量，而且越积越多，最终积重难返，走向万劫不复之境地；若是改了过，并且取得了进步，又会自我膨胀，导致人生倒退，而没有能力承受进步和美好。如此说来，改过与不改过，人生的结局都不会太好。既然如此，改过还有什么意义和价值呢？

人类的这种困局，很容易让我们想起这样一种景象：一台电脑装了盗版的程序，有时能正常工作，有时却会莫名其妙地死机，这是因为盗版的程序是不完整的。我们不妨尝试着用这个原理来解析一下人类的困局：人的改过和出现的问题，与计算机问题的基本规律是一样的。改过是一个程序，人改过之后就会进入一种新的生命状态，所以需要另外一种程序来管控人的新状态。如果缺乏新的程序来管控人的新状态，人就可能遇到新的问题。在改过取得了进步之后，我们还有后续的程序吗？

若是不了解历史上的教训与经验，再加上自己志向不够高远，目标不够远大，就很容易掉进小人的模式，就必然会陷入"渴望进步—改过—进步—自满—退步"这样的恶性循环。

很显然，了凡先生解决了这个问题。他找到了值得自己学习的一个榜样，就是春秋时期卫国的大夫蘧伯玉，一个终生持续改过的大修行者。

《论语》有一段关于蘧伯玉的故事讲到，孔子周游到卫国时，蘧伯玉派遣使者去拜访孔子。孔子让使者坐下后，问道："你家先生正在做什么呢？"使者回答说："我家先生在家反省，努力减少自己的错误，但还没有完全做到。"使者走了以后，孔子饶有深意地感叹道："这个使者呀，这个使者呀！"

一个大修行者，与自己身边的人还是有着巨大差别的。若非大修行者，怎么可能持续不断地去反省自己的过失？而蘧伯玉派来的这个使者，很显然没法理解他们家这位老先生持续改过的深意，所以才会说"还没有完全做到"。孔子的感叹意思是："你这个使者呀，实际上还是没有真正理解你家先生作为修行者持续改过的修行真意呀！"对于一个修行者来说，修行永无止境，改过的意识和行为，也就是对自己缜密的自我审查，永远不能松懈。

在现实生活中，我们也会听到一些人自勉："没有最好，只有更好！"现在的我们，肯定还未处在人生中最好的状态，只有持续不断地修行进步，绝不骄傲自满，我们才能成为更好的自己。在人生的漫漫旅程中，我们要记住三句话："**现在的自己，绝对不是最好的自己。珍惜现在的自己，创造更好的自己。最好的自己不是你拥有了多少，而是你能创造更好的自己。**"

把成绩和进步踩在脚下，让自己的思想提高一个台阶，持续地向着更高、更好的理想前进，这就是古往今来的中华优秀儿女给予我们的最重要的命运启示。

第43讲：总作孽的人是什么样子？

常言道："相由心生，言随心表。"了凡先生通过自己的亲身经历，既看到了自己过往的僵硬表情，也在改过后看到了不少人跟自己过去类似的样子；当然，他也看到了那些相貌庄严、端庄美满的大修行者的样子。看得出来，了凡先生通过改过修行，确实让自己的感知能力提升了不少。你想获得这样的能力吗？

【原文】

吾辈身为凡流，过恶猬集①，而回思往事，常若不见其有过者，心粗而眼翳也。然人之过恶深重者，亦有效验：或心神昏塞②，转头即忘；或无事而常烦恼；或见君子而赧然消沮；或闻正论而不乐；或施惠而人反怨；或夜梦颠倒，甚则妄言③失志。皆作孽之相也。苟一类此，即须奋发，舍旧图新，幸勿自误。

【注释】

①过恶猬集：比喻过失很多，像刺猬的刺一样数不过来。

②塞：不开窍。

③妄言：违背道理的言论。

【白话】

我们都是凡夫俗子，犯的过失就像刺猬的刺一样多得数不过来，回顾往事时却常常看不见自己的过失，这都是粗心大意，眼睛被蒙蔽了的缘故。然而，那些过恶深重的人，也有效验：他们有时心神昏塞，转头就忘了事情；有时没有什么事情，也很烦恼；有时见到德行高尚的人就很羞愧、很消沉；有时听到正确的言论就不高兴；有时施惠于别人反而遭到怨恨；有时做一些颠三倒四的梦，严重时还会胡言乱语、神志不清。这些都是作孽的表现。如果有这类现象发生，就一定要奋发努力，改正自己的错误，舍旧图新，千万不要自误。

在这一段中，了凡先生向大家展示了改过之后获得的洞察力。这种洞察力，既可能是针对自己的状态的一种觉知，也可能是对周围作孽之人的一种洞察。如果过失和罪孽过于深重，在没有改过或者改过不彻底时，就会出现一些征象。我结合当代的情况，对了凡先生所说的"作孽之相"做一些补充。

1.心神不宁：坐立不安，左顾右盼，六神无主，无法专心。

2.表里不一：在公开场合和私下里表现出两种不同的人格。

3.乱发脾气：因为一些小事对着家人和同事，尤其是自己的下属发脾气。

4.诿罪他人：遇到问题时，永远都在指责别人。

5.自以为是：认为自己是永远正确的，错的一定是别人。

6.无耻自辩：即使自己犯下了明显的错误，也会找出很多理由为自己辩护。

7.蔑视圣贤：表面上对圣贤很恭敬，私下从不用心学习，更不会持续践行。

8.追逐名利：将追名逐利视为人生中最重要的事情，甚至高于生命，导致生命不断贬值。

9.亲友翻脸：难以与亲友长久地维持和睦，常因琐事而轻易翻脸。

10.冤冤相报：对于发生的恩恩怨怨，心中一直满怀仇恨，没有主动化解的行动。

11.卖身求荣：为了谋取个人名利，不惜牺牲人格，甚至卖身求荣。

12.欺辱难者：对于落难的人幸灾乐祸，群起而攻之，落井下石。

13.疯狂发泄：心中积愤满满，莫名其妙地向无辜者发泄。

14.媚上鄙下：总是向强者献媚，但从不认真学习；总是鄙视弱者，缺乏同理心。

15.花枝招展：关注重点在自己外表的打扮，而从不武装自己的灵魂。

16.不学无术：要么忙碌，要么无聊，从不把学习与进步放在首位。

17.忙碌昏头：用忙碌填补空虚，不断地处理杂乱却无进步意义的事务，把自己搞得很疲倦。

18.消费无度：不断地在物质方面增加消费，而不愿意在精神上给自己投资。

19.喜怒无常：严重情绪化，难以保持平和与友善的稳定情绪状态。

20.家中点火：自以为有功有理，蛮横地指责自己的家人。

21.自欺欺人：始终处在虚幻的自信中，回避自己的弱点，夸大自己的长处。

22.积罪堕落：抱着侥幸心，不断地积累小错而成大过，鬼使神差般地滑向深渊。

23.不受教化：听不进长辈或好友的劝阻，即使点头称是，也往往是口

　　　　　　　　　　　　　第43讲：总作孽的人是什么样子？

是心非。

24.低级趣味：沉迷于吃喝玩乐，缺乏对美好与品位的追求和欣赏能力。

25.贬人自吹：通过贬低别人来抬高自己，通过吹嘘自己来鄙视别人。

26.利用他人：关系都建立在交易和利用的基础上，忽视没有利用价值的人。

27.背信弃义：为了自己的私利，毫无信用可言。即使订立契约，也会轻易背弃。

28.丧失理想：视理想为虚无，视追求理想为愚蠢，总摆出一副很现实的样子。

29.媚俗自乐：寻求社会上低俗的信息、人物与事件以自乐，幸灾乐祸。

30.挑拨离间：总在人和人之间传播负面消息，制造矛盾。

31.聚焦负面：看社会、看任何人、看任何事，总是以偏概全，做负面解读。

所有这些，都会导致自我贬值，都是在出卖自己的灵魂，最终导致自我沦落。

如果有这类现象发生，就一定要奋发努力，赶在祸殃降临之前，舍旧图新，断恶修善，千万不要自误！

三、积善之方

第44讲：行善十例给我们的启示

有一些朋友觉得了凡先生所讲的行善事例离自己很远，而且其中的很多做法已经不符合当今时代的发展了。实际上，每一个时代都有其特点，每个人的经历也都有自己的特色。听别人的案例，目的不是去原样照做，而是要从中得到启示，了解背后的原理与规律，然后结合自己的实际举一反三，才能将学到的知识付诸实践，快速提升自己的能力。

【原文】

《易》曰："积善之家，必有余庆。"昔颜氏将以女妻叔梁纥①，而历叙其祖宗积德之长，逆知②其子孙必有兴者。孔子称舜之大孝，曰："宗庙飨③之，子孙保之。"皆至论也。试以往事征之。

【注释】

①叔梁纥：春秋时期鲁国大夫，孔子的父亲。

②逆知：预料。

③飨：祭祀。

【白话】

《周易》上说："积德行善的家庭，必定后福无穷。"从前，颜氏要把女儿嫁给叔梁纥，一件件罗列了这家祖上长期以来所积功德，预知这家子孙必定会兴旺发达。孔子称赞舜的大孝，说："像舜这样的大孝，后人必定建宗祠祭祀他，世代子孙必定承传家运不衰。"这些话说得太好了。我再以过去的一些事，来证明积善的功效。

以下是了凡先生举的十个事例，许多人物和事迹为当时人所熟知。在此，需要特别说明的是，《了凡四训》这本书写于科举时代，那时候的福报，主要体现在考中科举做官上。现在时代变了，福报的具体内容也就相应地发生了变化。所以我们在了解这些事例时，体会它们蕴含的精神实质就可以了，至于事例中一些人物的做法以及他们的价值观，我们不必去深究。

第一例

【原文】

杨少师荣，建宁人，世以济渡①为生。久雨溪涨，横流冲毁民居，溺死者顺流而下，他舟皆捞取货物，独少师曾祖及祖，惟救人，而货物一无所取，乡人嗤②其愚。逮③少师父生，家渐裕。有神人化为道者，语之曰："汝祖、父有阴功，子孙当贵显，宜葬某地。"遂依其所指而窆④之，即今白兔坟也。后生少师，弱冠登第，位至三公，加曾祖、祖、父如其官。子孙贵盛，至今尚多贤者。

【注释】

①济渡：摆渡。

②嗤：嘲笑。

③逮：到了。

④窆（biǎn）：下葬。

【白话】

杨少师名叫杨荣，建宁人，他的祖先世代以摆渡为生。有一次，因为暴雨下了许多天，河水泛滥，冲毁了民房，被淹死的人顺流而下。其他船上的人都在捞取货物，杨荣的曾祖与祖父却只忙着救人，一件货物也没有捞取，乡里的人都嘲笑他们傻。到了杨荣的父亲出生后，他们家就渐渐宽裕了。有位神人化作道士，对杨荣的父亲说："你的祖父和父亲积了阴德，子孙后代定有显贵之人。你应当把他们葬在某地方。"于是杨荣的父亲就把祖父和父亲安葬在道士指点的地方，这座坟就是现在人们所说的白兔坟。后来生了杨荣，他二十岁就考中进士，位至三公，朝廷还追封了他的曾祖、祖父和父亲。杨家子孙非常兴旺，到现在还有许多有道德、有才能的人。

启示：

身虽为平民位，心却有天地大义。

俗人唯利是图，义者却一心救人。

被俗众耻笑愚，心却有乾坤定魂。

祖上阴德泽后，后世辅国成大器。

第二例

【原文】

鄞①人杨自惩，初为县吏，存心仁厚，守法公平。时县宰②严肃，偶挞一囚，血流满前，而怒犹未息，杨跪而宽解之。宰曰："怎奈此人越法悖理，不由人不怒。"自惩叩首曰："'上失其道，民散久矣。如得其情，哀矜勿喜。'喜且不可，而况怒乎？"宰为之霁颜③。家甚贫，馈遗一无所取。遇囚人乏粮，常多方以济之。一日，有新囚数人待哺，家又缺米，给囚则家人无食，自顾则囚人堪悯。与其妇商之，妇曰："囚从何来？"曰："自杭而来。沿路忍饥，菜色可掬。"因撤己之米，煮粥以食④囚。后生二子，长曰守陈，次曰守阯，为南北吏部侍郎。长孙为刑部侍郎，次孙为四川廉宪，又俱为名臣。今楚亭德政，亦其裔也。

【注释】

①鄞（yín）：地名，今属浙江。

②县宰：县令。

③霁颜：怒气消散。

④食（sì）：拿食物给别人吃。

【白话】

鄞县人杨自惩，起初在县衙门里当县吏，心地善良，公平公正。当时的县令十分严厉，有一次已经将犯人打得血流满地，怒气仍未消散。杨自惩就跪下替犯人求情。县令说："这个人触犯了法律，违背了天理，不由人不发怒。"杨自惩叩头说道："（曾子说：）'执政者没有按照正确的原则治理国家，民心已经散乱很久了。如果我们知道了犯罪者的实情，就应该替当事者伤心，怜悯他们，而不是高兴得意。'高兴得意尚且不可，何况是发怒呢？"县令听了杨自惩的话，怒气就消了。杨自惩家里非常贫困，但别人来送礼，他全都不肯接受。遇到狱中犯人缺粮时，他总是想方设法地帮助他们。有一天，有几个新来的犯人没饭吃，他自己家中也缺粮食。如果把家中仅有的一点粮食给犯人吃，家里人就没饭吃；如果自己家里人吃，犯人又实在可怜。于是杨自惩与妻子商量这件事。妻子问他："这些犯人是从哪里来的？"他回答说："他们从杭州来。一路上忍饥挨饿，到这里时已是满面菜色。"于是，他们就把自家的粮食拿出来，煮成稀饭给犯人吃。后来杨自惩生了两个儿子，长子杨守陈，次子杨守阯，一个担任了南京吏部侍郎，一个担任了北京吏部侍郎。长孙当了刑部侍郎，次孙做了四川廉宪。这四人都是名臣。现在我们所认识的杨楚亭和杨德政，都是杨自惩的后人。

启示：

身在公门，为受难者求情。

责上无德，留慈悲于百姓。

公门权大，拒礼却济犯人。

拿出口粮，将犯人当人看。

祖上积德，后世子孙成才。

第三例

【原文】

昔正统①间，邓茂七倡乱于福建，士②民从贼者甚众。朝廷起鄞县张都宪楷南征，以计擒贼。后委布政司谢都事③搜杀东路贼党。谢求贼中党附册籍，凡不附贼者，密授以白布小旗，约兵至日插旗门首，戒军兵无妄杀，全活万人。后谢之子迁，中状元，为宰辅；孙丕，复中探花。

【注释】

①正统：明英宗朱祁镇的年号，起止时间为1436年至1449年。

②士：读书人。

③都事：官名，掌管文书。

【白话】

过去正统年间，邓茂七在福建起兵叛乱，有很多读书人和平民百姓参加了叛乱。朝廷起用曾担任都宪的鄞县人张楷率兵南下到福建平叛，张楷用计谋把邓茂七抓住了。后来朝廷又派布政司一位姓谢的都事去搜捕、斩杀东部的叛贼。谢都事搜到了依附邓茂七之人的名册，凡是没有参与叛乱的人，谢都事就秘密地给他们一面小白旗，并告诉他们在官兵到来的那一天把这面小白旗插在门头，同时训诫士兵，对插有白旗的人家不得妄杀。谢都事的这一做法，救了一万人的性命。后来谢都事的儿子谢迁考中了状元，成为辅佐皇帝的重臣，他的孙子谢丕也考中了探花。

启示：

勇灭叛匪，宽待无辜，巧制滥杀。

救助他人，书天地卷，子孙承福。

第四例

【原文】

莆田①林氏，先世有老母好善，常作粉团②施人，求取即与之，无倦色。一仙化为道人，每旦③索食六七团。每日日与之，终三年如一日，乃知其诚也，因谓之曰："吾食汝三年粉团，何以报汝？府后有一地，葬之，子孙官爵，有一升麻子之数。"其子依所点葬之，初世④即有九人登第，累代簪缨甚盛。福建有"无林不开榜"之谣。

【注释】

①莆田：地名，今属福建。

②粉团：用米粉制成的一种食品。

③旦：早晨。

④初世：第一代后人。

【白话】

莆田有一家姓林的人家，先辈有一位老太太乐善好施，经常做粉团施舍给别人。只要有人向她要，她马上就会给，没有一点厌烦的神色。有一位仙人化成道士，每天早晨向她要六七个粉团。老太太每天都给他，一连给了三年，于是神仙知道了她是出于诚心才做这件事的。这位神仙对老太太说："我吃了你三年的粉团，该怎样报答你呢？你们家后面有一块地，如果你百年以后安葬在那里，你的子孙中做官的人，将有一升芝麻的粒数那么多。"老太太去世后，她儿子就把她安葬在神仙所指的地点，林家的第一代后人即有九位中了进士，以后世世代代做大官的人很多，以至于福建有民谣说："无林不开榜，开榜必有林。"

启示：

林姓老太乐善好施，心颜无厌倦。

高人化成贪吃道士，考证出至诚。

高人感动点拨老太，开榜必有林。

第五例

【原文】

冯琢庵太史之父，为邑庠生，隆冬①早起赴学，路遇一人，倒卧雪中，扪之，半僵矣，遂解己绵裘衣②之，且扶归救苏。梦神告之曰："汝救人一命，出至诚心，吾遣韩琦为汝子。"及生琢庵，遂名琦。

　　　　　　　第44讲：行善十例给我们的启示

【注释】

①隆冬：冬天最冷的一段时间。

②衣（yì）：拿衣服给人穿。

【白话】

冯琢庵太史的父亲是县学的学生，在冬天最冷的那段时间，有一天他早起上学，路上遇到一个人倒在雪地里，他摸摸那个人，发现已冻得快死了。于是他就脱下自己的皮衣给那个人穿上，并扶那个人回到自己家，把那个人救醒了。晚上他梦见一个神仙告诉他："你救人一命，而且完全出于至诚之心，我让韩琦托生在你家，做你的儿子。"后来冯琢庵出生，他就为琢庵起名叫冯琦。

启示：

祖上路遇雪中半死人，脱袍救活。

此等大义自然感动天地，子官太史。

第六例

【原文】

台州①应尚书，壮年习业于山中。夜鬼啸集，往往惊人，公不惧也。一夕闻鬼云："某妇以夫久客②不归，翁姑逼其嫁人。明夜当缢死于此，吾得代矣。"公潜卖田，得银四两，即伪作其夫之书，寄银还家。其父母见书，以手迹不类③，疑之。既而曰："书可假，银不可假，想儿无恙。"妇遂不嫁。其子后归，夫妇相保④如初。公又闻鬼语曰："我当得代，奈此秀才坏吾事。"傍一鬼曰："尔何不祸之？"曰："上帝以此人心好，命作阴德尚书矣。吾何得而祸之？"应公因此益自努励，善日加修，德日加厚。遇岁饥，辄捐谷以赈之；遇亲戚有急，辄委曲维持；遇有横逆⑤，辄反躬自责，怡然顺受。子孙登科第者，今累累也。

【注释】

①台州：地名，今属浙江。

②客：寄居他乡。

③类：像。

④相保：相守。

⑤横逆：强暴无理。

【白话】

台州府有一位姓应的尚书，壮年时在山中读书。晚上有许多鬼聚集在一起大声呼啸，经常恐吓人，但是应尚书一点也不害怕。一天晚上，他听见一个鬼说："有一个妇人，她丈夫出远门很久没有回来，她的公公婆婆就逼她改嫁。她明天晚上要在这里上吊自杀，我终于找到替身了。"应尚书听到后，悄悄地把自己的田卖掉，得到四两银子，伪造那位丈夫的家信，连同银子一起寄到她家。这位丈夫的父母看见信，觉得笔迹不像是儿子的，有些怀疑，继而一想："信可以是假的，但谁会拿银子来作假？想必儿子平安无事。"于是就不再逼迫儿媳改嫁。后来他们的儿子回来了，夫妇俩像当初一样好好地相守着。应尚书又听见鬼说："我本来找到了替身，都是这个秀才坏了我的事。"另一个鬼说："那你为什么不报复他呢？"那个鬼回答说："这个人心地善良，积了阴德，天帝已经下令封他做尚书，我怎么能害他呢？"应公因此越发努力学习，严格要求自己，善行一点点积累，品德一天天加厚。遇到荒年，他总是捐出自家的粮食来救济饥民；碰到亲戚有急难之事，他总是想尽办法来帮助他们渡过难关；遇到强暴无理的人，他总是反省自己的过失，安然顺受而不予计较。他的子孙中考中科举的，到现在已经有很多了。

启示：

所遇皆是善缘，自花银两助一家周全。

所行之善感天，纵使鬼怪也不会加害。

遇有蛮横自省，自身安然子孙也登科。

第七例

【原文】

常熟①徐凤竹栻，其父素富②。偶遇年荒，先捐租，以为同邑之倡，又分谷以赈贫乏。夜闻鬼唱于门曰："千不诳③，万不诳，徐家秀才，做到了举人郎。"相续而呼，连夜不断。是岁，凤竹果举于乡。其父因而益积德，孳孳不怠④，修桥修路，斋僧接众，凡有利益，无不尽心。后又闻鬼唱于门曰："千不诳，万不诳，徐家举人，直做到都堂。"凤竹官终两浙巡抚。

【注释】

①常熟：地名，今属江苏。

②素富：一向富有。

③诳：说假话。

④孳孳不怠：勤勉努力，毫不懈怠。

【白话】

常熟人徐栻，号凤竹，他的父亲一向富有。有时遇到荒年，他父亲就带头免去田租，为同乡的人做出榜样，又把自家的粮食拿出来救济贫困的人家。夜间听见鬼在他家门口唱道："肯定不说谎，肯定不说谎，徐家的秀才，就要考中举人。"呼唱之声连续不断。这一年，徐凤竹果然考上了举人。他父亲因此更加努力地行善，勤勉努力，毫不懈怠；修桥修路，施斋饭供养僧人，凡有利于他人的事，无不尽心。后来又听到鬼在他家门口唱道："肯定不说谎，肯定不说谎，徐家的举人，一直做到都堂。"徐凤竹最后果然当了两浙巡抚。

启示：

富而助穷，赈济穷苦。

天地籁音，报喜子孙。

勤勉行善，好事连连。

第八例

【原文】

嘉兴①屠康僖公，初为刑部主事，宿狱中，细询诸囚情状，得无辜者若干人。公不自以为功，密疏②其事，以白堂官。后朝审，堂官摘其语，以讯诸囚，无不服者，释冤抑十余人，一时辇下③咸颂尚书之明。公复禀曰："辇毂之下，尚多冤民；四海之广，兆民之众，岂无枉者？宜五年差一减刑官，核实而平反之。"尚书为奏，允其议。时公亦差减刑之列。梦一神告之曰："汝命无子，今减刑之议，深合天心，上帝赐汝三子，皆衣紫腰金。"是夕④夫人有娠，后生应埙、应坤、应埈，皆显官。

【注释】

①嘉兴：地名，今属浙江。

②疏：记录。

③辇下：指京城。

④是夕：当天晚上。

【白话】

嘉兴人屠康僖，起初是刑部的主事，就住在狱中，仔细地询问囚犯们各自的案情，发现有一些人是被冤枉的。但是，他没有把这件事当作自己的功劳，而是秘密地把这些情况记录下来，汇报给刑部尚书。后来朝审时，刑部尚书就根据他的记录审讯这些囚犯，参加朝审的官员没有不服的，因此释放了十余个被冤枉的囚犯。一时间，京城里的人们都赞颂刑部尚书的英明。屠康僖又向刑部尚书禀告说："京城尚且有如此多被冤枉的人，国家那么大，百姓那么多，哪里会没有被冤枉的人呢？应当每五年派遣一批减刑官去各地核实案情，为有冤屈的人平反。"刑部尚书为此上奏朝廷，建议得到皇上批准。当时屠康僖也在减刑官之列。一天晚上，他梦见一位神仙对他说："你本来命中无子，现在你提出减刑的建议，契合上天爱护生命之心，所以上天赐给你三个儿子，他们将来都会做大官。"当天晚上，屠公的妻子就怀孕了，后来生了三个儿子——应埙、应坤、应埈，他们都做了显贵的高官。

启示：

用良知思考，纠正冤屈，匡扶正义，直指救人。

犹如承天命，暗做天官，正义使者，自造大福。

第九例

【原文】

嘉兴包凭，字信之，其父为池阳太守，生七子，凭最少①，赘平湖袁氏，与吾父往来甚厚。博学高才，累举不第，留心二氏之学。一日东游泖湖②，偶至一村寺中，见观音像，淋漓露立，即解囊中得十金，授主僧，令修屋宇。僧告以功③大银少，不能竣事。复取松布四匹，检箧中衣七件与之，内苎褶，系新置，其仆请已之，凭曰："但得圣像无恙，吾虽裸裼何伤？"僧垂泪曰："舍银及衣布，犹非难事；只此一点心，如何易得！"后功完，拉老父同游，宿寺中。公梦伽蓝来谢曰："汝子当享世禄矣。"后子汴，孙柽芳，皆登第，作显官。

【注释】

①最少：年龄最小。

②泖湖：湖名，在今上海松江区西。

③功：工程。

【白话】

嘉兴人包凭，字信之，他父亲是池阳太守，生了七个儿子，包凭年龄最小，他到平湖县袁家做上门女婿，与我的父亲经常往来。他学问渊博，才华横溢，但是参加好几次科举考试都没考上，就开始对佛学和道教产生了兴趣。有一天，他东游泖湖，偶然到了一座村中的寺庙，看见观音菩萨像被雨淋湿了，就立即解开钱袋拿出十两银子，交给主事的僧人，请他整修破漏的屋顶。僧人告诉他整修工程很大，十两银子是不够的。包凭又拿出四匹松江出产的布，又从竹箱里拿出七件衣裳，交给僧人。其中有一件苎麻布夹衣，是新做的，仆人劝他别送了。包凭说："只要能使圣像安好，我就是赤身裸体又有什么关系？"僧人感动得流着泪说："施舍银两、布匹和衣裳还不算难事，但是你这至诚的心真是太难得了！"后来庙宇修复好了，包凭拉着父亲一同去游玩，晚上就住在寺中。他梦见伽蓝来感谢，说："你的儿子将享有世世代代做官的福。"后来他的儿子包汴、孙子包柽芳都考中进士，做了显要的高官。

启示：

才华横溢，学问渊博，连考不中，命中有缺。

命中善根，敢舍无悔，赤诚无欺，大运启动。

第十例

【原文】

嘉善支立之父，为刑房吏①。有囚无辜陷重辟，意哀之，欲求其生。囚语其妻曰："支公嘉意，愧无以报。明日延②之下乡，汝以身事之，彼或肯用意，则我可生也。"其妻泣而听命。及至，妻自出劝酒，具告以夫意，支不听。卒为尽力平反之。囚出狱，夫妻登门叩谢曰："公如此厚德，晚世所稀。今无子，吾有弱女③，送为箕帚妾，此则礼之可通者。"支为备礼而纳之，生立，弱冠中魁，官至翰林孔目。立生高，高生禄，皆贡为学博。禄生大纶，登第。

【注释】

①邢房吏：官名，掌管刑罚、监狱事务。

②延：邀请。

③弱女：女孩儿，姑娘。

【白话】

嘉善人支立的父亲是管刑事的书办。有个囚犯没有犯罪却被判了重刑，支立的父亲非常同情他，想设法救他。这个囚犯对他妻子说："支先生的美意我没有办法报答，明天邀请他到乡下咱们家里，你以身事他，也许他就会尽心帮我，那样我就可以活命了。"他的妻子哭着答应了。支立的父亲到达后，囚犯的妻子出来劝酒，把她丈夫的想法都告诉了他。支立的父亲没有接受，但仍尽力为她的丈夫平反。这个囚犯出狱后，夫妻俩登门叩谢说："像您这样厚德的人，世上太少有了。您还没有儿子，我们愿意把女儿送给您做打扫卫生的小妾，这在礼仪上也是过得去的。"支立的父亲就以完备的礼仪娶了他们的女儿，后来生了支立。支立二十岁就考中进士第一名，后来在翰林院任孔目一职。支立生支高，支高生支禄，二人都被选拔为州学、县学的教官。支禄的儿子支大纶，进士及第。

启示：

人所做一切，背后皆有许多缘分，能够助人，即是自己改命天缘。

不乘人之危，真诚助人去交天卷，大道考官，通过就能成为天人。

【原文】

凡此十条[①]，所行不同，同归于善而已。

【注释】

①十条：指前面所讲的十件善事。

【白话】

以上所举的十个事例，主人公做的事情虽然各不相同，但归纳起来都是一个"善"字。

说起来，人间道理千千万。对于同一件事，不同的人会讲出不同的道理；不管有多少种说法，最后都会由真理来做评判。若是对人的说法进行评判，不管说得如何有道理，最终都由一个"善"字裁判。

第45讲：行善不见得都是真的

　　每个人心里都有一种善良的力量，就犹如生命中一颗会诞生光明的种子。但是，在现实的人生当中，不少善良的人也活得很郁闷——善良是正确的，但并不是总能带来快乐。有时候，那些作恶之人反而活得很潇洒。尽管如此，似乎还是有一种力量让更多的人选择了善良。

　　"善良者郁闷"，很多人终其一生也走不出这样一个人生悖论。

【原文】

　　若复精而言之[1]，则善有真，有假；有端，有曲；有阴，有阳；有是，有非；有偏，有正；有半，有满；有大，有小；有难，有易。皆当深辨[2]。为善而不穷理，则自谓行持，岂知造孽，枉费苦心，无益也。

【注释】

　　①精而言之：精确、仔细地讨论（行善之事）。

　　②深辨：辨别清楚。

【白话】

　　如果再精细地讲，则善有真的，有假的；有正直的，有曲邪的；有为人所知的，有不为人所知的；有正确的，有不正确的；有偏颇的，有恰当的；有不圆满的，有圆满的；有大的，有小的；有难做的，有容易做的。这些都应当辨别清楚。行善而不把道理弄明白，便以为自己一直在做善事，殊不知是在造孽，枉费苦心，一点益处都没有。

了凡先生是善良这门人生学问的深刻思考者和卓越的实践者。通过多年的学习、实践，了凡先生提出了"行善八别"，即如何辨别行善的真假、端曲、阴阳、是非、偏正、半满、大小、难易。这可谓是中华文化中的"善良学"之精髓，为我们学习和践行善良提供了一个理论指南。

先来说说"行善八别"之一——辨行善之真假。

【原文】

何谓真假？昔有儒生①数辈②，谒中峰和尚③，问曰："佛氏论善恶报应，如影随形。今某人善，而子孙不兴；某人恶，而家门隆盛。佛说无稽④矣。"中峰云："凡情未涤，正眼⑤未开，认善为恶，指恶为善，往往有之。不憾己之是非颠倒，而反怨天之报应有差乎？"众曰："善恶何致相反？"中峰令试言其状。一人谓："詈人、殴人是恶，敬人、礼人是善。"中峰云："未必然也。"一人谓："贪财妄取是恶，廉洁有守⑥是善。"中峰云："未必然也。"众人历言其状，中峰皆谓"不然"。因请问。中峰告之曰："有益于人，是善；有益于己，是恶。有益于人，则殴人、詈人皆善也；有益于己，则敬人、礼人皆恶也。是故人之行善，利人者公，公则为真；利己者私，私则为假。又根心⑦者真，袭迹⑧者假。又无为⑨而为者真，有为而为者假。皆当自考⑩。"

【注释】

①儒生：读孔孟之书的人。

②数辈：数人。

③中峰和尚：指中峰明本禅师，是元代杰出的高僧。

④无稽：没有根据。

⑤正眼：法眼，慧眼。

⑥有守：有操守。

⑦根心：发自真心。

⑧袭迹：模仿别人的样子，而不是真正学习别人的善行。

⑨无为：无所希求。

⑩考：推求，研究。

【白话】

什么叫作真善、假善呢？从前有几个儒生，去拜见中峰和尚。他们问道："佛家说善恶报应与人形影不离。现今有人很善良，他的子孙却不兴旺；有人很凶恶，而他的家门却很兴盛。这样看，因果报应是没有凭据的！"中峰和尚说："平常人世俗的情欲没有洗涤干净，获得正知正见的能力还没有开启，于是把善行当作恶行，把恶行当作善行，这是常常有的。他们怎么不对自己颠倒是非的行为感到遗憾，反而埋怨上天报应错了呢？"儒生们说道："善就是善，恶就是恶，他们怎么会把善恶标准弄反了呢？"中峰和尚就叫他们试着把那些行善、作恶的情形描述出来。一位儒生说道："骂人、打人是恶，敬人、礼人是善。"中峰和尚说："不一定吧。"另一位儒生说道："贪财、获取非分之物是恶，廉洁、有操守是善。"中峰和尚说："不一定吧。"儒生们列举了各种善与恶的表现，中峰和尚都说"不一定"。于是他们请教中峰和尚。中峰和尚告诉他们："有益于别人的行为，是善行；只有益于自己的行为，是恶行。有益于人，即使打人、骂人，也是善行；只有益于自己，即使敬人、礼人，也是恶行。"因此，人行善事，有益于人的就是大公无私，大公无私即为真善；只有益于自己的就是自私，自私就是假善。此外，发自内心地去做好事就是真善，只在表面上学着别人做好事就是假善；没有希求而行善是真善，有所希求而行善是假善。所有这些，都应当仔细地分辨。

这段话我们可以分为以下四步来理解。

一、提出问题。一群读书人拜见修行觉者中峰和尚，提出了现实中一些具有代表性的事例——某人善但子孙不旺，某人恶却家业兴隆，以此质疑"善恶报应，如影随形"的道德理念。

二、高人对答。中峰和尚回答说，平常人因为心不干净，尚存邪知邪见，才会认善为恶或者认恶为善。"善恶报应，如影随形"，这是觉者在正知正见的洁净心性中看到的。生命处在两种不同的状态，自然看到的就是不同的世界。用不干净的心所看到的世界的假象来质疑用干净的心所看到的世界的真相，这是心智的时空错位。

三、摸底调查。中峰和尚让那些儒生各自阐述一下对善恶的理解，于是一众儒生你一言我一语地把对善恶的世俗理解表达出来。读书人尚且如此，那不识字的人又该怎么办呢？自然，儒生们的观点一一被中峰和尚质疑。中峰和尚指出了他们共同的错误：指恶为善，认善为恶。

四、标准揭秘。中峰和尚提到了四个方面，我又补充了几个角度，加起来共七条。

第一条：有益于别人，是善；只有益于自己，是恶。若是再延伸一下，则可以加上"时间线"和"觉醒线"：短期有益于人而长期不益于人，是伪善真恶，如娇惯孩子，只爱孩子却没有培养孩子爱别人的能力；眼前不益于人但长期有益于人，是伪恶真善，是一种深层的教化；眼前有益于人，长期也有益于人，并助其觉醒而让善愿与善能接通、善法与善果接通、善念能够转成善的信仰，则可谓之上善、至善。

第二条：有益于别人，即便打人、骂人，也是善；只有益于自己，即便敬人、礼人，也是恶。若是再延伸一下，则可以加上"分寸线"和"结果线"。即使有益于别人，打骂也不能作为优先使用的方式；即使使用也要注意分寸，既要产生正面效果，同时又不能构成伤害。打骂也好，礼敬于人也罢，不管心中愿望是善是恶，最终要通过对象身上出现的结果和后续的演变方向来评判。

第三条：利人的就是公，公则为真善；利己的就是私，私则为假善。若是再延伸一下，则可以加上"交易线"和"永恒线"。利人是否怀有交易心？是否会无条件地持续下去？明着为公，实则为己，即是算计与阴险，实为邪恶。明着利己，但遵守规则，不强求于人，讲究公平和契约，也算是守住了底线。

第四条：出自内心的是真善，做样子的是假善。若是再延伸一下，则可以加上"行动线"与"善果线"。出自真心也好，虚情假意也罢，关键是如何证明。要看是否付出真实行动、是否能用智慧方法、是否能够指向最终善果以及后续的善流。

第五条：没有希求而行善是真善，有所希求而行善是假善。若是再延伸一下，则可以加上"无条件线"和"不动摇线"。行善若是有所希求，已经变质为交易，特别是打着善的旗号的隐晦交易，也可能会因为隐晦而导致双方对交易条件的认知出现差异，这样的假善在人间制造了许许多多说不清、道不明的恩恩怨怨。因此，真善是不做交易的，是单项付出的，是真正为对方好的。而且，不管对方如何反馈给自己，善的方向是不动摇的。

第六条：善向不变，但会根据效果、变化情况及对方的反馈进行调适，此为真善。若是固守善向，缺乏调适的能力，也将铸成恶果，此为伪善。

第七，真心行善，亦有善法，并生善果。若是因为行善有成而生傲慢与居功之"心毒"，则前功尽弃，即是伪善。若能行善有成，还能以报恩之心行善，将行善作为感恩、报答对方的行动，进一步感恩对方给予报恩的机会，同时，还能真诚地、连续不断地检讨自己的过失，并将报恩进行到底，永不完结，坚定地践行"滴水之恩，涌泉相报"之信条，可感天动地，可感化众生，可广结善缘，此即真善与至善之大成。

第46讲：坏人做善事有用吗？

绝大部分人都相信善良是正确的，至于善良会不会给自己带来好的命运，心中似乎并没有一个精准的答案。善有很多种形态，它比恶更难辨识，看起来我们都很熟悉，实际上迷惑了很多人。很多人不仅对别人的善难以辨别，就算是对自己的善也会搞错。

了凡先生是善良这门人生学问的卓越的实践者，他提出的"行善八别"，为我们学习和践行善良提供了一个指南。接下来我们来学习"行善八别"之二——辨行善之端曲。

【原文】

何谓端曲？今人见谨愿之士①，类称为善而取之；圣人则宁取狂狷②。至于谨愿之士，虽一乡皆好③，而必以为德之贼④。是世人之善恶，分明与圣人相反。推此一端，种种取舍，无有不谬。天地鬼神之福善祸淫⑤，皆与圣人同是非，而不与世俗同取舍。凡欲积善，决不可徇耳目，惟从心源隐微处，默默洗涤。纯是济世之心，则为端；苟有一毫媚世⑥之心，即为曲。纯是爱人之心，则为端；有一毫愤世之心，即为曲。纯是敬人之心，则为端；有一毫玩世之心，即为曲。皆当细辨。

【注释】

①谨愿之士：谨慎自守的人。

②狂狷：狂，积极进取而又自命不凡；狷，洁身自好而又较为保守。

③好（hào）：喜欢。

④德之贼：破坏风俗道德的人。

⑤福善祸淫：赐福给为善的人，降祸给作恶的人。

⑥媚世：取悦于世人。

【白话】

什么叫作正直的善？什么叫作曲邪的善？现在人们见到谨慎自守的人，都称他为善人，而且很看重他；但古时的圣贤却宁可欣赏勇于进取的人或是安分守己的人。至于谨慎自守的人，尽管乡里人都很喜欢他，圣贤反而认为他是破坏世风民俗、道德准则的贼。由此看来，世人的善恶标准，明显是与圣人相反的。依次类推，世人的种种取舍标准，没有不出错的；然而天地鬼神赐福给为善的人，降祸给作恶的人，判断善恶的标准是与圣人相同的，而不是依照世俗的观念。所以，要想积善，绝不可顺从世俗的议论和看法，而要默默地将自己的心清洗干净。纯粹是济世救人的心，就是端；若有一丝一毫取悦世人的心，就是曲。纯粹是爱人的心，就是端；若有一丝一毫怨恨世人的心，就是曲。纯粹是敬人的心，就是端；若有一丝一毫玩弄世人的心，就是曲。这些都应当仔细分辨。

"德之贼"，出自《论语·阳货》："子曰：'乡愿，德之贼也。'"《论语·子路》中也谈到了这个问题："子贡问曰：'乡人皆好之，何如？'子曰：'未可也。''乡人皆恶之，何如？'子曰：'未可也。不如乡人之善者好之，其不善者恶之。'"

　　　　　　　　　　　　　　　第46讲：坏人做善事有用吗？

孔子所谓"乡愿"，就是指伪君子，是那些看似忠厚，实际上没有自己的道德原则、言行不一、随波逐流、趋炎媚俗、四方讨好、八面玲珑的人。对此，后人也有很多呼应。东汉文学家徐幹在《中论》中写道："乡愿亦无杀人之罪，而仲尼恶之，何也？以其乱德也。"清代的王永彬在《围炉夜话》中写道："孔子何以恶乡愿，只为他似忠似廉，无非假面孔；孔子何以弃鄙夫，只因他患得患失，尽是俗人心肠。"

行善之端曲，说的是端善与曲善。端善，说的是阐发于心，坚持原则，明辨是非，不曲意逢迎，心正可昭日月。曲善，说的是阐发于心计，无原则的和气，没立场的逢迎，其心一切是利己。端善与曲善，这也是世俗之人与圣人行善的本质区别之一。世人对善恶之观念，常常颠倒黑白，认知已经混乱。了凡先生提出，可以从以下三个方面来区分端善与曲善：以济世之心行善即是端善，以刻意讨好之心行善即是曲善；以爱人之心行善即是端善，以怨恨世人之心行善即是曲善；以敬人之心行善即是端善，以算计要弄之心行善即是曲善。总之，端曲全在一心一念，起心动念皆以"善"为核心即是端善，否则就是曲善。

现在，我来回答本讲的问题：坏人做善事有用吗？

坏人做的善事，若是假善、伪善，也就是所谓的"曲善"，对其毫无用处，只会让他恶上加恶；若坏人做的善事是真善，也就是所谓的"端善"，当然有用了，会让他消减自己的罪恶，使命运向着好的方向转化。

第47讲：隐藏的坏和悄悄的好

善良的学问之深，可能超出了很多人的想象。我们要学会善的学问，否则，即使是一味行善，也未必会有好结果，因为极有可能把善恶搞错了。接下来，我来解读一下"行善八别"之三——辨行善之阴阳。

【原文】

何谓阴阳？凡为善而人知之，则为阳善；为善而人不知，则为阴德。阴德，天报之；阳善，享世名。名，亦福也。名者，造物①所忌。世之享盛名而实不副②者，多有奇祸；人之无过咎③而横被恶名者，子孙往往骤发。阴阳之际微矣哉。

【注释】

①造物：天造万物，故称天为"造物"。

②副：相称。

③咎：过错。

【白话】

什么叫作阴善、阳善？凡是做善事被人知道，就是阳善；做善事不被人知道，则是阴德。有阴德的人，上天会给他福报；有阳善的人，会享受世人给予他的美名。美名是福，但也是上天所忌恶的。世间那些享有极大名声而实际上名不副实的人，大多会遭遇意外的灾祸；那些无缘无故背负恶名的人，他们的子孙往往会突然发达。阴德与阳善之间的关联，真的是太微妙了！

"阳善阴德"是中华文化中一种很特别的道德观念。在现实生活中，人们虽然也会听到"祖上积了阴德"之类的说法，但似乎没有太多人真正在意这类事情，更多人认为它有一层神秘的色彩。

中国古代有一位还算是恪尽职守，但最终成为笑柄的悲情君主——梁武帝。梁武帝善于思考，他会总结前朝灭亡的教训，来完善自己的治国理政之道。他见惯了厮杀争斗，他也正是经历了搏杀才最终上位的。但他并不想让自己统治下的皇朝和子民走前朝的老路，所以他曾下决心要整治一番。他决定用宗教的方法感化这种暗藏玄机的厉政之风。

据相关史料记载，梁武帝在位期间，命人修缮、重建了许多寺庙等宗教建筑。他身体力行，吃穿用度一切从简，平日里只穿素衣，被子一盖就是两三年，多年不近女色，只吃素食，并且每日只进食一顿。甚至朝堂之上，都有了宗教的气息。梁武帝的这种"仁政"也确实起到了一定的效果，彼时的梁朝成了一个政治稳定、经济发达、人口众多的国家，举国上下一派和谐安宁。但他的善心并没有感化那些企图谋权反叛的人。当走投无路的侯景来投奔他时，他又一次善心大发，收留了侯景，还放心地将禁军大权交予侯景。这样的宽恕换来的却是侯景与萧正德的恩将仇报。最终，梁武帝活活被饿死在皇宫之中，沦为千古笑柄。

关于梁武帝的命运，历史上评说很多。很多评说貌似有理，却没有说到根本。如果用《了凡四训》中的方法分析，梁武帝之所以最终落得个凄惨的下场，是因为他所施行的"仁政"中隐藏着四个问题：一是行善过于张扬，并且包藏着私心；二是过分执着于形式，执念过重；三是身为皇帝，他的做法令很多人产生了巨大的压力，因而产生抱怨；四是没有进一步深入到行善的结果，所以导致恶果。

君不见，在我们的现实生活中，以为行善是正确的，因而就可以理直气壮，甚至是很张扬的也大有人在，但是这样的行善常常招来噩运。这难道是"好心不得好报"吗？非也！行善之心是正道，但如果行善的方式过于张扬，甚至有意将自己装扮成好人，这不是私心萌发了吗？这样做还有可能激发出一些人内心深处的一种"邪恶逻辑"：你是好人，那我是坏人？好人全让你做了，那我呢？你这个好人的出现，让我有了自己是坏人的感觉。你做善事是你的自由，但你做点善事就把自己装扮成了好人，这可不行，我一定要找出能够代表你恶的本质的事件，戳穿你的美丽包装。由此可以看出，善不仅会激发善，也会激发恶。

当然，如果一个行善的人已经去世了，其他人对其事迹进行大张旗鼓的宣传，号召大家都向他学习，这倒是相对比较安全的。因为活着的人大多不会跟已经去世的人计较，即使有人想败坏这个行善的人的名声，往往也无从下手。人类的科技文明在大踏步地前进，但人心的道德文明，在很多人那里却长期停滞了，甚至倒退了，以至于做出禽兽不如的邪恶行为。

于是，一些洞察人间邪恶的人，就选择了做不出名的行善者，做隐形的行善者，把善的能量做进自己的心、做进当事人的心，但绝不做成公开的展示品；否则，善就被污染了。这是一种上善，老子将其称为"玄德"。

善是学问，行善不易，好好学习，掌握善的智慧，时刻警惕心中可能出现的小恶，这才是人间正道。

第48讲：行善时心中藏着一把尺子

　　我们都听过农夫与蛇的故事——一位善良的农夫看到路边有一条冻僵的蛇，就动了怜悯之心，将这条冻僵的蛇放在怀里暖，结果这条蛇缓过来之后，竟然把农夫咬死了。

　　我们也听过东郭先生与狼的故事——东郭先生救了一匹受伤的狼，结果险些被狼咬死，一位农夫帮助他把狼打死了，并教育他说："这种伤害人的野兽是不会改变本性的，你对狼讲仁慈，简直太糊涂了。"

　　有人认为，善可以感天动地，不能有分别心，这就是典型的没有真正掌握行善的智慧，而是把行善当成了教条。即便是真正有用的道理，若是变成了僵死的教条，往往也会贻害无穷。以爱护动物为例，如果我们因为读了农夫与蛇的故事和东郭先生与狼的故事，就对所有的动物都不再爱护了，甚至遇到蛇或狼这样有危险的动物就不由分说直接打死，这就陷入了另一种极端。爱护动物也要讲究方式方法，不能陷入教条主义，对有益的动物要爱护，对有害的动物就要提防。从另一个角度讲，即使遇到可爱的、不会伤人的小动物，我们也不能贸然亲近，而是要考虑它身上是否有细菌；遇到有危险的动物一定要先保护好自己，如果我们连自己都保护不了，还怎么去爱护动物？当然，也有善良的人养狼崽，与狼产生了感情，狼报答人类的事例，但我们需要思考的是：这样的感情能持久吗？万一狼性发作，又如何做？这些情况里面有很复杂的原因，不是可以轻易效仿的。

接下来我们来学习"行善八别"之四——辨行善之是非，让我们看看行善中的大是大非，免得把行善变成了另外一种愚昧。

【原文】

何谓是非？鲁国之法，鲁人有赎人臣妾①于诸侯，皆受金于府②。子贡③赎人而不受金。孔子闻而恶之曰："赐失之矣。夫圣人举事，可以移风易俗，而教道可施于百姓，非独适己之行也。今鲁国富者寡而贫者众，受金则为不廉，何以相赎乎？自今以后，不复赎人于诸侯矣。"子路拯人于溺，其人谢之以牛，子路受之。孔子喜曰："自今鲁国多拯人于溺矣。"自俗眼观之，子贡不受金为优，子路之受牛为劣，孔子则取由而黜赐焉。乃知人之为善，不论现行而论流弊，不论一时而论久远，不论一身而论天下。现行虽善，而其流足以害人，则似善而实非也；现行虽不善，而其流足以济人，则非善而实是也。然此就一节论之耳，他如非义之义，非礼之礼，非信之信，非慈之慈，皆当抉择。

【注释】

①臣妾：指奴隶，男的称为"臣"，女的称为"妾"。

②受金于府：接受官府的奖金。

③子贡：本名端木赐，字子贡，是孔子的学生。

【白话】

什么叫作是善、非善？鲁国法律规定，若是有鲁国人赎回被其他国家掳去做奴隶的百姓，都可以接受官府的奖金。孔子的学生子贡赎了奴隶，却不接受官府的奖金，孔子听说之后很生气。他说："子贡做错了。圣人做事情，能够改善民风，所教的道理要适用于百姓，而不应该只适合自己。现在鲁国富有的人少，而贫穷的人多，子贡的做法等于是告诉人们接受官府的奖金是贪财，那人们怎么会去赎人呢？从今以后，不会再有人去其他诸侯国赎人了。"孔子的学生子路救了一个溺水的人，那个人送了一头牛答谢他，子路收下了。孔子高兴地说："今后鲁国会有越来越多的人勇于去救溺水的人的。"以世俗的眼光来看，子贡不接受官府的奖金是好的，子路接受别人的牛是不好的，孔子却称赞子路的做法而批评子贡的做法。从孔子的观点我们就可以看出，看人行善，不是看眼前，而是看是否会产生不良的影响；不是看一时，而是看长远的效果；不是看一人，而是看所有人。现在看来是在做善事，对将来造成的影响却足以害人，这样的行为虽然看起来是善行，实际上却是不正确的；现在看起来不善的行为，若是流传开来能够救助别人，实际上就是正确的。然而，这里仅就这一件事来议论，其他如非义之义、非礼之礼、非信之信、非慈之慈，都应当认真分辨。

了凡先生在此借用了孔子教育自己的两个弟子的故事，提出了"是善"和"非善"的概念。我们平时也常常会谈及大是大非。如何区分"是善"与"非善"呢？说得简单一点，就是用大局来衡量。有利于大局的善，就是"是善"；不利于大局的善，就是"非善"。

什么是大局？就是行善的行为引发的更多人的后续行为是什么，这是评价行善之是非的关键所在。于是，行善这个主题，就有了一个超出行善者个体感知的大环境的标准。如果我们的行为是有利于集体、社会、国家和民族，能弘扬正能量，有利于人心向上向善的，就是"是善"；如果我们的行为只对自己有利，却对大局不利，这就是"非善"。

"是善"与"非善",拷问的是行善的大局观、大势观。

有一位朋友对我说过他自己的观念变化。这位朋友十分富有,几乎什么也不缺,还很有善心和公益心,做了不少善事。有一次,一个他帮助过的人要感谢他,带了很多东西给他,他苦口婆心地好言相劝,最终没有接受对方的感谢礼。但对方没有就此结束,之后又有两次专门过来送东西表示感谢,他仍然拒绝了。就在这个关口,他顿悟了:我如此拒绝对方,会不会让对方很难过呢?很显然是的!于是,他就主动跟对方道歉,故意说上次送给他的某个东西他很喜欢,最后对方欢天喜地地又给他送来了。当然,对方临走时,他也挑了一些适合对方使用的东西送给了对方。

这个故事也教育了我,因为我跟他有类似的经历,后来,我也改了。当然,送东西感恩别人的人,自己也要想明白两点:一是送东西感谢对方要得体,不要给对方添麻烦,不要让人家犯忌讳,更不要让人家犯错误,否则岂不是把你的恩人给害了?二是不要以为送点东西就把这份情给还了,你也可以向人家学习,也去帮助别人,或者换一种方式来报答对方,等等。总之,要借着善缘来学习,来扩大善的效应,并借此深悟行善这门学问背后的人生妙理。

第49讲：不要让包容变成纵容

在现实的人生当中，行善面临着各种复杂的情况，如果不能懂得这些典型情况背后的规律，很可能多年行善，却依然在善门之外。

比如，父母对孩子的溺爱会让孩子生出很多毛病；比如，捧杀会让一个人舒舒服服地走向万劫不复的境地；再比如，有的人很纵容你，总是替你考虑，总是向你妥协，却让你变得越来越坏。溺爱、捧杀、纵容，做这些事情的人未必是坏人，他们的愿望一般都是好的，但都有一个共同的结果，就是让对方变得越来越坏。

你见过这样的情况吧？没准儿你也做过类似的事情吧？

在本讲中，我来解析一下"行善八别"之五——辨行善之偏正。

【原文】

何谓偏正？昔吕文懿公①初辞相位，归故里，海内②仰之，如泰山北斗③。有一乡人醉而詈之，吕公不动④，谓其仆曰："醉者勿与较也。"闭门谢⑤之。逾年⑥，其人犯死刑入狱。吕公始悔之曰："使当时稍与计较，送公家责治，可以小惩而大戒。吾当时只欲存心于厚，不谓养成其恶，以至于此。"此以善心而行恶事者也。

【注释】

①吕文懿公：指吕原，明朝大臣，谥号文懿。

②海内：四海之内，指全国。

③泰山北斗：比喻为众人所仰慕的人。

④不动：不为谩骂所动。

⑤谢：辞，这里是"不理睬他"的意思。

⑥逾年：过了一年。

【白话】

什么叫作偏善、正善？从前吕原先生刚辞去宰相之职回到家乡，全国的人都很敬仰他。有一个同乡喝醉了酒大骂吕原先生，吕原先生并不生气，而是对仆人说："他喝醉了，不要与他计较。"于是把大门关上不理睬他。过了一年，那个同乡犯了死罪入狱，吕原先生才开始懊悔，说："如果当时我与他计较，把他送进官府惩治一下，通过这样的小惩治，可以给他一个大的提醒。当时我只想存心仁厚，却没想到助长了他作恶的气焰，以至于让他犯了死罪。"这就是出于善心反而做了恶事的例子。

前些年听朋友讲了一个与此类似的故事。

一户人家中有兄弟两个，大哥是个非常勤奋的企业家，家底比较厚。弟弟从小受到父母的娇惯，长大后十分不着调，好吃懒做，结交了社会上一些不三不四的人。这个弟弟经常打架斗殴，多次被警察抓去，他非但不思悔改，反而变本加厉，最后沾上了命案，被判了无期徒刑。

给我讲这个故事的就是故事中的哥哥，他向我请教对这个问题的认识，我就用《了凡四训》中偏善的思想帮他做了分析：若是当初早一点让他弟弟受到惩罚和管教，也许还有希望，但他的父母爱子心切，犯了糊涂，他这个当大哥的也没有做到很清醒，最终共同推着他的弟弟滑向了深渊。他这样的想法和做法，肯定不只是在他弟弟身上有所体现，在公司中也会有类似的做法。这位企业家频频点头。

【原文】

又有以恶心而行善事者。如某家大富，值岁荒，穷民白昼抢粟①于市。告之县，县不理，穷民愈肆，遂私执②而困辱之，众始定。不然，几乱矣。

故善者为正，恶者为偏，人皆知之。其以善心而行恶事者，正中偏也；以恶心而行善事者，偏中正也，不可不知。

【注释】

①粟：泛指粮食。

②执：逮捕。

【白话】

也有存着恶心，反而做了善事的人。例如有一个富人，遭遇荒年的时候，穷人们大白天就在市场上抢他家的粮食。这个富人告到县衙，县官怕事不受理，穷人们就更加大胆放肆了。于是这个富人就私自逮捕了抢粮食的人，并惩戒了他们，那些穷人才安定下来，不然市面就要乱了。

所以，善良的行为是正，罪恶的行为是偏，这是每个人都知道的。那些出于善心却做了恶事的，可以看作是正中的偏；存着恶心而做了善事的，可以看作是偏中的正。这样的情况，不可以不明白呀。

行善这件事绝对没有我们平时想的那么简单，其中有很多需要仔细参悟和把握的细节，往往正是这些细节决定了行善最终的定性。那么，出于善心而做了恶事或出于恶心而做了善事，这类事情的本质是什么呢？

以自己主观的善心行善，却做出了引发或者激发行善对象变恶的结果。以变恶的结果作为标准，这就是典型的偏善。何处偏了？在别人那里的结果走偏了，走向了恶。这就是行善者主观愿望上的善，连着的是行善对象结果上的恶，这就是偏，是正中的偏，是正中走偏，简称"偏善"。

貌似以自己主观的恶心、恶愿作恶，却做出了引发或者激发作恶对象变善的结果。以变善的结果作为标准，这就是典型的正善。何处正了？在对方那里的结果走正了，走向了善。这就是行善者主观愿望上的恶，连着的是行善对象结果上的善，这就是正，是偏中的正，是偏中走正，简称"正善"。

辨别行善中的偏正，关键不是行善者本人的愿望，而是要看在行善对象那里的效果。如果一个人总是心存善愿，却又总是在别人那里导致变恶的结果，估计自己也很难接受吧？如果一个人怀着善心，采取的是一种貌似恶的行动，却在对方那里产生了变善的结果，这不就是善的艺术、善的智慧吗？

要具体问题具体分析，不要以为善念都能产生善果，要根据具体的人、具体的事来考虑行善的方法，以产生善的结果为导向。若是停留在对自己善念的执着上，而完全忽视了具体对象、具体情况，也不为最终结果的善恶考虑，这样的善还有什么值得提倡的呢？这样的善不仅害人也会害己，又怎么可能帮助自己改变命运呢？

了凡先生讨论行善之偏正的问题，很有现实意义：对于执着于行善的形式而不管结果的人，有重要的提醒作用；对于既有善愿也想追求善果的人来说，可能会开启其行善的智慧之门。

了凡先生关于行善之偏正的讨论，让我想起了四句话。

　　　　　　　　　　　　　第49讲：不要让包容变成纵容

第一句话是一则广告中说的："别看广告，看疗效！"

第二句话是："智慧的人从来不为自己的愿望辩护，因为他知道结果会说话！"

第三句话是："如果在对方那里的结果已经错了，就不要为自己的愿望辩护；否则，就只能说明两个问题：一是行动者缺乏智慧，二是行动者缺乏反思能力。"

第四句话是："善者不辩，辩者不善，事实胜于雄辩！"

第50讲：奇妙的"半善"与"满善"

　　善良是一种品性，是人性中的一种力量，更是一种深奥的智慧。行善，不仅仅是能够照见一个人心底善恶的镜子，也是衡量一个人心底的善是否纯正的一把尺子。假设有这样两种情况，你会怎么看？

　　有一位亿万富翁，为受灾的人捐了一百万；还有一个乞丐，把当天乞讨得到的不到一百元全部捐了出来，他宁愿自己饿肚子。

　　有一个普通人，能力平平，处处为自己算计，没有行善，也没有明显的大恶，一辈子就这样生活着，到了晚年，却穷困潦倒，临终时身边没有一个亲人；还有一个纨绔子弟，不务正业，欺男霸女，非常遭人恨，到了中年突然遇到一个善缘，一下子就觉悟了，于是痛改前非，还常常去帮助别人，最后落了个善终——可别小看"善终"这两个字哦！这可是很多人做不到的呀！

　　了凡先生让我们认识了评价善良的八个维度，之前我已经介绍了真假、端曲、阴阳、是非、偏正五个维度，接下来我们就来学习"行善八别"之六——辨行善之半满。

【原文】

何谓半满？《易》曰："善不积，不足以成名；恶不积，不足以灭身。"《书》曰："商罪贯盈①。"如贮物于器②，勤而积之，则满；懈而不积，则不满。此一说也。

昔有某氏女入寺，欲施而无财，止有钱二文，捐而与之，主席者③亲为忏悔。及后入宫富贵，携数千金入寺舍之，主僧惟令其徒回向而已。因问曰："吾前施钱二文，汝亲为忏悔；今施数千金，而汝不回向，何也？"曰："前者物虽薄，而施心甚真，非老僧亲忏，不足报德；今物虽厚，而施心不若前日之切，令人代忏足矣。"此千金为半，而二文为满也。

钟离④授丹于吕祖⑤，点铁为金，可以济世。吕问曰："终变否？"曰："五百年后，当复本质。"吕曰："如此则害五百年后人矣，吾不愿为也。"曰："修仙要积三千功行，汝此一言，三千功行已满矣。"

此又一说也。

【注释】

①商罪贯盈：商，商朝。这里指商纣王。商纣王已经是恶贯满盈了。

②器：容器。

③主席者：这里指寺庙住持。

④钟离：指钟离权，传说中的八仙之一。

⑤吕祖：指吕洞宾，传说中的八仙之一。

【白话】

什么叫作半善、满善？《周易》中说："善行不积累，就不足以成就美名；恶行不积累，就不会引来杀身之祸。"《尚书》中说："商纣王可谓是恶贯满盈了。"积善就像是往容器里放东西。如果勤快，很快就会放满；如果懈怠懒惰，就不会满。这是关于半善、满善的一种说法。

从前有一个女子到了寺院，想布施，但是没有太多钱，就把身上仅有的两文钱捐了，寺庙住持亲自为她主持忏悔仪式，以期消除业障。后来这个女子被选入宫富贵了，就带几千两银子到这个寺院供养，住持叫徒弟为她主持忏悔仪式。这个女子问住持："我上次只捐了两文钱，您就亲自为我主持忏悔仪式；现在我捐了几千两银子，而您却不为我主持忏悔仪式。这是为什么呢？"住持回答说："上一次你布施的钱虽然很少，但是你的心非常虔诚，我如果不亲自为你主持忏悔仪式，就不足以报答你的功德；这次你布施的钱虽然很多，但是你的心没有上一次虔诚，我让徒弟代我主持忏悔仪式就足够了。"所以，若是心不虔诚，即便布施数千两银子，也只能算是半善；若是心足够虔诚，只布施两文钱也算是满善。

钟离权把炼丹术传授给吕洞宾，能够点铁为金，可以用这些黄金来救助世上的穷人。吕洞宾问道："这铁变的金子，还会再变化吗？"钟离权回答说："五百年以后，这些金子会恢复成铁。"吕洞宾说："这样就害了五百年之后的人，我不愿意这样做。"钟离权说："修道成仙，要积累三千件功德，你这一句话，就使这三千件功德修满了。"

这是关于半善与满善的又一种说法。

【原文】

又为善而心不著①善，则随所成就，皆得圆满。心著于善，虽终身勤励，止于半善而已。譬如以财济人，内不见己，外不见人，中不见所施之物，是谓三轮体空，是谓一心清净，则斗粟可以种无涯之福，一文可以消千劫之罪。倘此心未忘，虽黄金万镒②，福不满也。

此又一说也。

①著：执着。

②镒：古代重量单位，二十两为一镒。

【白话】

此外，如果行善而内心不执着于自己在做善事，随缘做成善事，就是满善；如果内心执着于自己在做善事，即便一辈子都在勤勉努力地做，也只能算是半善。比如用财物去帮助别人，对内不见自己在帮助别人，对外不让被帮助的人感觉到自己是在帮助他，中间不见所施送的财物，这就是"三轮体空"，这就是"一心清净"。这样做，一斗谷物就可以为自己带来无边无际的福报，一文钱就可以消除千劫以来所犯下的罪恶。如果内心执着，对自己所做的善事念念不忘，那么即使施舍了万镒黄金，也得不到圆满的福报。这是关于半善、满善的又一种说法。

了凡先生提出的"半善"和"满善"之说，实在是奇妙，其算账的方法有点出乎常人的想象，展示的是四种关于半与满的说法。

第一种：善恶如同往一个容器中放东西。善连续地积累，足以成名；若不积善，自然就不足以成名。恶连续地积累，就会引来杀身之祸；恶若不积，也就不足以灭身。

第二种：心不真诚，布施数千金也只有半善；心真诚，布施两文钱也是满善。

第三种：积善再多，有一念于人不利，也最多算是半善；选择时面临诱惑，心中只有一念，就是利人，这就是满善。

第四种：虽然一生勤勉做善事，却总把自己做的善事放在心上，也就是总自以为做了善事，做得再多也是半善；如果不把多做善事放在心上，不管做得大小多少，都是满善。

这些行善的学问，若是缺了一项或者缺了几项，岂不是再努力行善也只能事倍功半了？行善真的是一门复杂的学问哪！

第51讲：用什么标准衡量善的大小？

上学时，我们总听老师说三观——世界观、人生观、价值观对人生的影响有多么大。如果一个人三观不正，才华越高，能力越强，成绩越大，遇到危险的可能性也越大。

一个人若是看世界是片面的而不是系统的，是表面的而不是本质的，是负面的而不是正面的，是静止的而不是动态的，就会带着一种错误的世界观看世界，人生也就充满了错误。

一个人的人生观若是以自我为中心，只讲索取，不讲奉献，置他人、社会和国家于不顾，那么他必然会为自己打造一个人生的牢笼。

一个人的价值观若是利己的而不是利他的，看重物质而不看重精神，看重成绩和位置而不看重自己的品格与修养，即使勤奋努力，最终也很难有好结果。

接下来，我就与大家一起学习了凡先生提出的"行善八别"中的第七个维度——辨行善之大小。

【原文】

何谓大小？昔卫仲达为馆职^①，被摄至冥司^②，主者命吏呈善恶二录。比至^③，则恶录盈庭，其善录一轴，仅如箸而已。索秤称之，则盈庭者反轻，而如箸者反重。仲达曰："某年未四十，安得过恶如是多乎？"曰："一念不正即是，不待犯也。"因问轴中所书何事，曰："朝廷尝^④兴大工，修三山石桥，君上疏谏之，此疏稿也。"仲达曰："某虽言，朝廷不从，于事无补，而能有如是之力？"曰："朝廷虽不从，君之一念，已在万民；向使听从，善力更大矣。"故志在天下国家，则善虽少而大；苟^⑤在一身，虽多亦小。

【注释】

①馆职：唐宋时期，在昭文馆、史馆、集贤院等官署里担任修撰、校勘等职务的官员。

②冥司：阴间的官府。

③比至：等到（把簿册拿来）。

④尝：曾经。

⑤苟：如果。

【白话】

什么叫作大善、小善？从前，卫仲达担任馆职时，灵魂被押送到阴间的官府，主审的官员命令手下把记录他善恶的簿册呈上来。等簿册送到，记录恶行的簿册竟然摆满了大堂，而记录善行的只有一根筷子那样细细的一小卷。主审的官员吩咐人拿秤来称，摆满了大堂的簿册反而比较轻，那卷像筷子一样细的簿册反而比较重。卫仲达问道："我还不到四十岁，怎么会犯下这么多过失与罪恶？"主审的官员回答道："只要产生一个不正的念头就是过失与罪恶，并不是等到行动了才算过失与罪恶。"卫仲达问那一小卷写的是什么，主审的官员说："朝廷曾经要大兴土木工程，修建三山石桥，您给皇帝上奏章劝阻，这卷纸就是您的奏章底稿。"仲达说："我虽然劝阻了，但是朝廷并没有听从，对事情没有任何帮助，怎么能有这样大的力量？"主审的官员答道："虽然朝廷没有听从，但您的念头已经在为万民着想了；如果朝廷当时听从了您的劝阻，您的功德就更大了。"因此，如果是为了天下百姓和国家，即便是很少的善行，也是很大的功德；如果只是为了自己，即便是很多的善行，功德也会很小。

了凡先生用"阴间算账"的方法，为我们展示了善之大小的甄别方法和衡量标准。有一些人对了凡先生的这种写作手法颇为不适应，甚至觉得了凡先生在写鬼怪小说。实际上，由于时代不同，人们对文化的表述方式也会有差异，我们在读古人的文字时，如果对其表述方式有一些不理解，就着重看其所表达的思想。

通过学习了凡先生的上述思想，我们可以得到三点启示。

第一点：善恶皆从一念起，只要起念，即使没有行动，善恶已经产生了，对个人善恶的计数就已经开始。有人可能会说："怎么有了念头就已经开始计数了呢？"这是因为，念头一旦生出，就会变成一种主观事实。我们很多人只是熟悉客观事实，却不知道念头在我们心中会成为一种主观事实，会对人生产生重大影响。因为很多外部的客观事实，往往就是由隐藏在心中的那个主观事实所造成的。

第二点：若是善恶之念涉及的人较少，影响较小，善恶的分值也就偏低。故而，小恶数量多，但总分不一定高；善的数量少，但总分也不一定低。

第三点：人这一生，即使小恶难以除尽，也要高度警惕，避免其连续积累，最终量变产生质变，导致大恶毁身的结局。人这一生，不要仅仅在小善上下功夫，还要提升自己的境界与能力，在面对涉及社会、国家和民族的大事时，敢于仗义执言，能够提出建设性的意见与方案。只要真诚用心，不夹杂私心，行善的分值就会很高。

当然，我们懂得了这样的算法之后，就不要再去想，否则还是动了功利心，就又会生出一个更大的祸害。说来说去，就是一句话："但行好事，莫问前程！"

第52讲：喜欢做难事的人都有大福命

　　一个人的重大进步和突破，往往来自一些重大的挫折和磨难。明白了这个人生规律的人，在遇到困难和磨难的时候，就会有一种庆幸和兴奋的感觉。因为只要突破了困难，在磨难中让自己产生蜕变，就极有可能会让自己的人生跃上一个更高的台阶。

　　接下来我们就一起学习行善的第八个维度，"行善八别"之八——辨行善之难易。

【原文】

　　何谓难易？先儒^①谓克己^②须从难克处克将去。夫子论为仁，亦曰先难。必如江西舒翁^③，舍二年仅得之束脩^④，代偿官银，而全人夫妇^⑤；与邯郸张翁，舍十年所积之钱，代完赎银，而活人妻子：皆所谓难舍处能舍也。如镇江靳翁，虽年老无子，不忍以幼女为妾，而还之邻，此难忍处能忍也。故天降之福亦厚。凡有财有势者，其立德皆易，易而不为，是为自暴。贫贱作福皆难，难而能为，斯可贵耳。

【注释】

　　①先儒：指古代儒家圣贤。

②克己：克制自己的私欲，约束自己。

③舒翁：舒老先生。

④束脩：十条干肉，是古人相互赠送的一种薄礼，后代指弟子给老师的酬金。

⑤全人夫妇：保全一对夫妇不被拆散。

【白话】

什么叫作难善、易善？从前儒家的圣贤说，克制自己的私欲要在难克制的地方下功夫。孔子在说仁德时也说要从难做处做起。一定要像江西的舒老先生那样，他拿出在外地教书两年所得的酬金代别人缴纳官税，保全了一对夫妇不被分开；也要像邯郸的张老先生那样，把十年来所有的积蓄拿出来代人交了赎金，救了别人的妻子、儿女。这都是难舍处能舍。又比如镇江的靳老先生，虽然年老无子，但也不忍娶幼女为妾，把他妻子给他买来作妾的幼女送还邻居，这就是能忍受难以忍受的事情。所以，上天降给他们的福就厚。有财有势的人建立功德是很容易的，容易却不去做，那是自暴自弃。贫贱的人要行善积福是很难的，难做而能够去做，就非常可贵。

很多人都有畏难情绪，遇到难事就想躲避，总想着选择容易的事来做，这也算是人之常情吧。人生命运往往也是因这种选择而不同：总选择容易的事来做的人，也就选择了人生的平庸；敢于选择一般人规避的难事来做的人，往往会造就不凡的人生。

人生什么最难？ 一个人做一件好事并不难，难的是一辈子做好事，不做坏事。

人世间什么最难舍？ 金钱难舍，敢舍的，都能改变命运；感情难舍，该舍就得舍，如此才有未来；仇恨难舍，留着只是自我折磨，舍掉就能解放自己；生命难舍，和平时期珍惜生命，国家危难时期舍命护国，彪炳千秋。

人间什么难做？ 好人难做；无私难做；完全干净的心难做；舍出自己也很需要的利益去帮助陌生人，难做；被别人伤害了还要反省自己、感谢别人，难做；一再受委屈，甚至被侮辱，还要保持平静，难做；不具备条件但又必须去完成，难做；事情太多，找不到帮手，难做；亲密的关系，保持长久稳定，难做；已经积恶太多，想要回头，难做；长期习惯了某种生活或者环境，突然之间改变，难做……

但是，人若是想改变命运，就要从难处做起。

遇到容易做的事，就把它当成生活中的消遣吧！唯有一般人做不到的又具有重大价值的事，对于改变命运的推动力才是巨大的。世上的事情本来就没有难易之分，难易因人而异，难易会随着自己的状态或者智慧的起伏而改变。**容易的事是留给笨蛋的毒药，困难的事是留给天才的台阶。**彻底觉悟的人把事事变得容易，迷惑的人把事事变得困难。圣人老子说："天下难事必作于易，天下大事必作于细。"如果参透圣人的话，就会豁然开悟。

第53讲：比惩恶扬善更高明的是什么？

我们都知道与人为善的道理，可是现实很复杂，也有很多不善良的人，与人为善能解决所有问题吗？关于善良，不同的人有不同的看法：有人认为，善良要带着一点锋芒；有人深信"人善被人欺，马善被人骑"；也有人认为，人欺人，天不欺人。每一种观点似乎都有道理。看来，与人为善这件事儿还真是不简单哪！

【原文】

随缘①济众，其类②至繁，约言其纲，大约有十：第一，与人为善；第二，爱敬存心；第三，成人之美；第四，劝人为善；第五，救人危急；第六，兴建大利；第七，舍财作福；第八，护持正法；第九，敬重尊长；第十，爱惜物命。

【注释】

①随缘：顺应机缘。

②其类：行善的种类。

【白话】

顺应着机缘救济众人，救济的种类繁多，简单地归纳起来，大约有十类：第一，与人为善；第二，爱敬存心；第三，成人之美；第四，劝人为善；第五，救人危急；第六，兴建大利；第七，舍财作福；第八，护持正法；第九，敬重尊长；第十，爱惜物命。

行善也是一门学问，若是我们完全依靠自己的常识来行善，就会犯很多错误。如果我们用心学习了凡先生总结的行善十大纲要，就可以避免很多错误。我们先来学习排在第一位的"与人为善"。

【原文】

何谓与人为善？昔舜在雷泽①，见渔者皆取深潭厚泽②，而老弱则渔于急流浅滩之中，恻然哀之，往而渔焉。见争者，皆匿其过而不谈；见有让者，则揄扬而取法之。期年，皆以深潭厚泽相让矣。夫以舜之明哲③，岂不能出一言教众人哉？乃不以言教而以身转之，此良工苦心也！

吾辈处末世④，勿以己之长而盖人，勿以己之善而形人⑤，勿以己之多能而困人。收敛才智，若无若虚⑥，见人过失，且涵容⑦而掩覆之，一则令其可改，一则令其有所顾忌而不敢纵。见人有微长可取、小善可录，翻然舍己而从之，且为艳称⑧而广述之。凡日用间⑨，发一言，行一事，全不为自己起念，全是为物立则⑩，此大人天下为公之度也。

【注释】

①雷泽：古泽名，在今山东菏泽东北。

②深潭厚泽：指水深的地方。

③明哲：聪明，懂道理。

④末世：社会风气不好的时代。

⑤形人：反衬出别人的恶行。

⑥若无若虚：就好像一无所有，比喻有真才实学的人不露锋芒。

⑦涵容：包涵、容忍。

⑧艳称：赞美。

⑨日用间：平常时候。

⑩为物立则：给大众树立榜样。

【白话】

什么叫作与人为善？从前舜在雷泽，看见捕鱼人都抢占水深鱼多的地方，而年老体弱的就只好在水流急、水浅的地方捕鱼，舜就很哀怜他们，于是他也到那里去捕鱼。舜看见那些抢占有利位置的人，就掩饰他们的错误而不说起；看见把有利位置谦让出来的人，就赞扬他们、效法他们。一年之后，捕鱼的人们都互相谦让水深鱼多的地方了。以舜的英明智慧，难道不能够讲一番道理来教导那些打鱼的人吗？他不用言语教育人，而是以身作则，潜移默化地改变人们的思想和行为，真是用心良苦哇！

我们生活在这世风日下的时代，不要用自己的长处去打压别人，不要以自己的善良去反衬别人的错误，不要以自己的才能来凸显别人的无能。要收敛自己的才智，不露锋芒。看见别人有过失要包涵容忍，并替他们遮掩，这样做一是让他们有机会改正错误，二是使他们有所顾忌，不至于放纵自己。看见别人有细微的长处值得肯定，小小的善行值得记下来，就要舍弃自己不及他们的地方，效法他们，并且称赞他们，宣扬他们的事迹。在平常时候，讲一句话，做一件事，都不要为自己着想，而是要给大众树立榜样，这就是道德高尚的人以天下为公的气度。

与人为善，这种做法大多数人是认同的；将与人为善作为做人的一个基本原则，大部分人也是认同的。可是，在现实生活中，我们经常会遇到不肯这样做的人。

圣人们总是说要宽容、包涵和体谅别人，难道遇到问题就要绕着走吗？回避能够解决问题吗？这可是许多人心中的两个结，它们导致人们在日常生活和工作中经常犯两个经典错误。

第一个错误是，遇到为人处事不善良的人，就去教育和纠正他们，教育了无数次，也纠正了无数次，问题却没有从根本上解决。

第二个错误是，遇到问题敢于斗争，不做老好人，可是批评了，甚至也处罚了，问题还是不断地出现。

任何重复发生的问题，都在告诉我们：我们是在一个自己没有开窍的地方做无用功。也许，很多人只是很笼统地知道与人为善，至于与人为善的原理和技巧，并没有仔细琢磨。

如果你心思纯正，与人为善时不是卑躬屈膝，而是带着正心正念，以端庄友善的姿态去做，就能跟人心做一个奇妙的对接——真正的善良，只要持续下去，人心就会被感化。若是按照自己的主观标准与那些跟自己不同的人去斗，往往只会激化矛盾，而不利于解决问题。我们要敢于斗争、善于斗争，但是一定要记住：一切斗争斗的都是真理，而不是人。

这些事若是想不明白，一念之差，就可能走错了方向。

第54讲：人人心中都有一个善的开关

心不善的人，一般不会有好的命运。但是，为什么很多觉得自己心善的人，也没有好的命运呢？行善是一门学问，接着上一讲对"与人为善"的分析，在本讲中我与大家分享一下"与人为善"的四大原理。

第一原理：我们所做的一切都是为了促进个人的成长。

家庭也好，组织也罢，实际上都是育人机构。生活和工作中的一切都只是道具，我们的核心目的是借着做事来完成自己的成长。任何人，包括领导者与管理者在内，重点都不是做事，而是将做事作为一个形式、道具或者载体，帮助人们学会做人，让自己每做一件事都能获得成长，只要个人成长了，其他的一切都会得到优化。如果做事总是出现问题，那一定是做人出了问题，成长出现了停滞。

尽管我们也会尽量去筛选出合适的人，但对于每个人来说，只要加入一个新的组织，就需要重新学习和适应，并尽快成为新组织这部机器的合格的零部件，为整机做出贡献。当然，任何一个新的组织都需要有关于这个组织作为一部整机及其零部件的详细的技术标准。这个标准中，就必然包括如何做人做事，而不能仅仅是做事的标准。同时，要有强有力的机构来对大家进行相关的培训，留给大家一个合适的适应期，然后再纳入考核。

唯有如此，才能有效地促进每一个个体按照标准不断成长。

第二原理：最好的教育就是榜样的力量。

标准有了，培训有了，技术操作又是什么样的呢？做出来是什么样的？做错了又是什么样的？引发的后果是什么样的？在人的成长过程中，这样的很具体的示范是极其重要的。那些笼统的原则性的教育，若是没有这些技术性的示范与操练，最终只能成为正确的废话。实际上，这涉及我们自身的成长。如果我们自以为是地以为只有自己是正确的、高端的，而别人就是错误的、低级的，那这种自恋、自大的状态本身就是可笑的。

在了凡先生引用的事例中，舜就没有指责和纠正那些在捕鱼过程中争位置的人，而是自己做了一个示范。他摸准了人心的门道，没有使用更多的言语，尤其是对有过失的人避而不谈，但对懂得谦让的人却赞扬、效法，最终取得了很好的效果。这样的做法，我们可以称为"舜操作"。在现实生活中，许多父母对孩子、上级对下级，都是与"舜操作"恰恰相反的：遇到有过失的人就指责或者怒骂，对做对的人却又轻描淡写。

"舜操作"的妙处在哪里呢？为何大部分人都做错了呢？这就涉及我们要说的第三原理。

第三原理：每个人都想把事情做好，做不好是不符合本来愿望的，也是不符合自身利益的。

有了他人作榜样，每个人心中都生出了四大渴望：一是希望把事情做好；二是希望避免把事情做坏；三是因为不小心或者没有能力而没把事情做好时，希望得到指导和帮助；四是自己做对了的，希望得到确认、肯定和鼓励。前两个渴望是人们心底的声音，后两个渴望则是面对别人时的"善教之法"——无视众人的错误，直奔优点和美好而去，并且给优点和美好以肯定。

如此这般，人心中的善恶两种力量就会发生奇迹般的变化：被激发的善的力量会迅速增长，因而会提升智慧，提升人格品质，振奋积极的心理状态。而那些直接被无视的过失，就像是做了亏心事的小贼一样心虚，没被指责但也在瑟瑟发抖，会自动减少乃至消失。只要依这个趋势进行下去，持续提升，持续自我突破，人心中的两种力量就会发生翻天覆地的变化。自然，命运的内在动力与未来的前景就会改变。

第四原理：当人心中的善的能量得不到激发，恶的能量不断受到刺激时，恶就会成为主导性的力量。

当我们不明白上述人心原理，做出违背它的事情时，就会变成这样一个局面：父母或者领导不懂人心原理，简单粗暴地指责和训斥孩子或者下属，激发了对方恶的力量，没有提升善的力量，于是恶就在对方的心里成为主导性的力量。而各种过失不断发生，实际上就是被激发的恶的力量的报复——让问题变着花样地发生并日益恶化，以此来惩罚无知无能的父母和领导。

明白了人心的四大原理，我们就可以把与人为善的方法概括为以下四个方面。

第一：改心。不要把别人当成工具，不要认为孩子和下属就是无知的，不要强硬、粗暴地要求他们顺从，而是要提升自己的责任感，并不断地让自己成长，进而有效地带动和引领他们。

第二：闭嘴。不要喋喋不休地说教，要耐心地去做标准示范。

第三：直奔优点。无视别人的过失，直奔他的优点去给予赞美、肯定和鼓励，顺便向前展望，让他看到可以做得更好的样子。

第四：醒悟。不要因为问题频发和不断恶化而让自己继续犯错，那些问题就是对自己无知无能的惩罚。要找到问题的根源并加以改善，按照圣贤教化的方法，配合人心的原理加以引导。如此这般，人间将会出现意想不到的美好景象。

"与人为善"不仅仅是自己的一种主观愿望，更应该是符合人心原理的一种智慧方法。

第55讲：爱敬可爱可敬之人也有错？

当我们只知道一个美好的概念，却不知其中的原理和操作技巧时，就很难有效地实践这个美好的概念。本讲我们就来学习在了凡先生总结的行善十大纲要中排第二位的"爱敬存心"，了解我们常犯哪些错误，从而学习智慧的方法。

【原文】

何谓爱敬存心？君子与小人，就形迹观，常易相混，惟一点存心处，则善恶悬绝，判然①如黑白之相反。故曰："君子所以异于人者，以其存心也。"君子所存之心，只是爱人敬人之心。盖人有亲疏贵贱，有智愚、贤不肖②，万品③不齐，皆吾同胞，皆吾一体，孰非当敬爱者？爱敬众人，即是爱敬圣贤；能通众人之志，即是通圣贤之志。何者？圣贤之志，本欲斯④世斯人，各得其所。吾合⑤爱合敬，而安一世之人，即是为圣贤而安之也。

【注释】

①判然：差别分明的样子。

②不肖：品行不好。

③万品：各种各样。

④斯：这。

⑤合：都。

【白话】

什么叫作爱敬存心？君子与小人，如果从他们的外表、行为来看，常常容易混淆，只是从存心这一点来看，他们的善恶差别就像白与黑一样完全相反。因此说："君子之不同于常人的地方，就在于存心不同。"君子所存的，只是爱人、敬人之心。人有亲近与疏远、尊贵与卑微、智慧与愚钝、有德与无德之分，各种各样，都不相同，但都是我的同胞，与我一体，哪个人不应当受我敬爱呢？爱敬众人，就是爱敬圣贤；能懂得众人的心愿，就是懂得圣贤的心愿。为什么呢？圣贤的心愿，本来就是要使这世上的人都各得所需。我爱护所有的人、尊敬所有的人，使世上所有的人都身心安定，这就是替圣贤实现了他的心愿哪！

孔子曰："己所不欲，勿施于人。"也有谚语说："好人好自己，坏人坏自己，损人绝不利己。"对世人要常存爱敬之心，这是行善修福的一个非常重要的方面。为了方便把"爱敬存心"这个话题说得更加明白，我们从以下四个问题展开论述。

第一个问题：为何行善要从心开始？

因为心决定着我们的行为和结果，决定我们看到的和我们所遇到的。这就是"爱敬存心"这个主题中隐含的第一个原理，即心源原理：一切源于心，一切由心决定，一切都是心的展示。

第二个问题：为何人会分成君子与小人？

是因为心的不同：心的动力与方向不同，心所决定的思维、语言和行为，及其结果也不同。这就是"爱敬存心"这个主题中隐含的第二个原理，即成人原理：你心里装着的内容，决定着你成为什么样的人；你成为什么样的人，就会有什么样的命运。

第三个问题：爱敬别人只是一种礼貌吗？

首先，爱敬别人是一种礼貌，有利于我们与别人建立第一个友好的界面。我们都有过这样的体会：那些恨别人或者不尊敬别人的人，很难与别人建立友善和谐的关系。如果与周围人没有友善和谐的关系，一个人的内心就会觉得孤独，时间久了就会影响自己的生活和事业的进展，还会影响身心健康。

其次，爱敬别人不仅是一种礼貌，更是一个正常人的正常之心的本色。

若是不爱别人，就会对别人冷漠、无视、不友善，甚至是仇恨。看看那些对别人表现出这种态度的人，有几个好命的呢？一个人心中若没有足够强大的爱的能量，就只剩下冰冷。人是生命，人面对的更多也是生命，一个人如果对人没有热情和友善，通常也会被对方视为不友好，于是很容易形成对立。

不尊敬别人，就会怠慢别人，傲慢地对待别人，让人感觉没有教养，也会被一些修养不高的人敌视，甚至会与人产生冲突。这就是"爱敬存心"这个主题中隐含的第三个原理，即往返原理：正所谓"爱出者爱返，福往者福来"，一切都是来回往返的，你遇到的都是你曾经送出去的，你收获的也都是你前期播种的。

第四个问题：人生命运的好坏就是与他人关系的好坏吗？

别以为镜子里的你就是你的真身，那只是你的影像。每个人来到世上，都在寻找自己生命中丢失的部分，所遇的人都是你生命的一部分。

你若是排斥和嫌弃你所遇到的人，就意味着你拒绝了自己生命的某一部分，也许是一个健康的身体，也许是开启灵魂中一个灵窍的钥匙。你排斥和厌恶的越多，你生命的完整性就越差。伟人们坚持为真理而斗争，在斗争中打磨自己生命的零部件，并把打磨好的零部件安装到自己的生命中，这就是他们的斗争哲学与智慧：既要斗争又要团结，斗争是为了更好地团结。

你遇到的人、你和他们的关系是友善还是敌对、你和他们友善或敌对的程度，决定着你的人生本质，自然也决定着你的命运。因此，人生经历丰富的人往往会说："你的人生成就的一多半，应该归功于你的对手、你所遭遇的困难，以及你在奋斗中遭遇的所有你不喜欢的人和事。"

如此看来，"爱敬存心"这个主题背后还隐含着第四个原理，即组合原理：所有的美德都在告诉我们如何为自己组装一个美好的人生。

第56讲：我成人之美，谁来成我之美？

有一种美德，叫"成人之美"。但现实生活中也有很多人想的是如何成自己之美。这二者是什么关系呢？本讲我们就来学习在行善十大纲要中排第三位的"成人之美"。

【原文】

何谓成人之美①？玉之在石，抵掷②则瓦砾，追琢③则圭璋④。故凡见人行一善事，或其人志可取而资可进，皆须诱掖⑤而成就之。或为之奖借⑥，或为之维持，或为白其诬而分其谤，务使成立而后已。

大抵人各恶其非类，乡人之善者少，不善者多。善人在俗⑦，亦难自立。且豪杰铮铮，不甚修形迹，多易指摘。故善事常易败，而善人常得谤。惟仁人长者，匡直而辅翼之，其功德最宏。

【注释】

①成人之美：成全别人的好事。

②抵掷：投掷，扔掉。

③追琢：雕琢，雕刻。

④圭璋：古代两种贵重的玉制礼器。

⑤诱掖：引导，扶持。

⑥奖借：奖励，赞许。

⑦在俗：生活在世俗社会中。

【白话】

什么叫作成人之美？玉在原石中的时候，要是扔掉，它就同破瓦碎石一样毫无价值；如果把它开取出来加以琢磨，它就会成为贵重的玉器。因此，我们只要看见别人在做善事，或者那人的发心很好，而且资质有发展潜力，就应当引导他，使他有所成就。或奖励赞许他，或扶持他，或为他洗清冤屈，为他分担所受的批评，一定要使他有所成就才罢手。

人大多讨厌与自己不同类的人，一个地方善人少而不善的人多，善人在世俗社会中就很难立足。况且才智杰出的人，大多不注重外在的形式，就更容易遭到指责。所以做善事往往很容易失败，而善人常常受到诽谤。只有大德之人，才能纠正人们的言行，来辅佐善人成就善事，这样的功德最为宏大。

孔子曰："君子成人之美，不成人之恶。小人反是。"这说的是："君子成全别人的好事，而不促成别人的坏事。小人则与此相反。"

"成人之美"指的不是单纯地帮助别人达成愿望，而是帮别人达成美好、善良的愿望。如果帮助别人做成了坏事，实现了目的，那也不叫成人之美，而是助纣为虐。因此，所谓"君子成人之美"，就是指有德行的人总是想着让别人好，尽力为别人创造条件，成全别人的好事。这种助人达成美好、善良的愿望的思想，体现了君子的高尚情怀。这种助人达成美好、善良的愿望的行为，不但给人带来情感上的慰藉，还能给人以生活或事业上的帮助，在帮助别人的同时也是在行善积德。

我国著名的社会学家费孝通老先生在自己的八十岁寿辰聚会上，意味深长地讲了一句十六字箴言："各美其美，美人之美，美美与共，天下大同。"

以上思想为我们展示了成人之美的四大原理。

成人之美的第一原理：自美原理。

此处所说的"美"，不仅是我们平常所说的外表之美，因为一个人的外表之美由心灵之美来决定。中华文化经典《周易》中说："君子以自强不息。"如果一个人放弃了灵魂的自强，又有什么样的力量能够让自己生命不息呢？如果我们心中没有美或者足够的美的能量，我们怎么可能拥有美丽的生命呢？相由心生，一个人的相貌会随着灵魂中美的力量的变化而变化。浮躁的人总是过分在意自己的外表之美，而忽视了外表之美是由心灵之美决定的这个规律。其实，若是让自己的心灵不断变美，就会有形象和举止之美，也才会有成人之美的能力和心胸。

成人之美的第二原理：美人原理。

此处的"美人"，说的是用自己心灵中美的能量去帮助别人，成就别人，美化别人的人生，成就别人美好的命运。美人原理是建立在自美原理之上的。当一个人具备了巨大的美好的心理能量时，他才能够去成人之美。又因为能够成就别人之美，所以他能够创造出双方关系的和谐之美与共享之美。相反，当一个人美好的心理能量贫乏时，非但不会成人之美，还会成人之恶，这就让自己沦为小人。那些嫉妒别人的人，非但不会成人之美，还会因为心里的羡慕嫉妒恨，总是用邪恶的目光盯着别人的瑕疵，总是用阴毒的心去放大别人的缺点。这样的人，不仅把自己心灵的丑陋展露在别人面前，往往还会给别人带去伤害，当然不会赢得别人的尊重，于是就会把自己与别人的关系搞坏。这样的坏能量在人间传播，不仅会让更多的人知道他内心的丑陋，还会沉淀在他自己心里，变成让心灵更加丑陋的负能量。这样的负能量沉积到一定的程度，就会表现在相貌与身体健康上，更会波及生活和事业。

当然，成人之美不仅仅是成全别人的愿望，而且要有利于对方向着美的方向发展与成长。若只是一味地顺从，则会让对方变得越来越坏，那就是邪恶与无知的一种表现了。

成人之美的第三原理：异美原理。

真正的美，只有高尚的灵魂才配享用它。高尚的灵魂有一个重要的标志，就是拥有能够欣赏各种不同的美的能力。若是一个人只喜欢自己所喜欢的那种美而厌恶其他形式的美，其灵魂中展露出的就是狭隘与无知。比如，一个爱干净、长相端庄、打扮入时的人，若是嫌弃那些贫困但质朴的人，其心灵肯定是丑陋的。一个沉迷于自己的美丽而找不到别人的美丽予以欣赏的人，其内心大多是狭隘的。这样的人，会被他嫌弃的人喜欢吗？也许，在背后人们会感叹："可惜了那张漂亮的脸！"由此可见，一个人灵魂美丽的程度，可能就是由他能够发现并欣赏的其他形式的美的数量和种类决定的。

成人之美的第四原理：共美原理。

当人们能够自美、美人，并能够达到异美的境界时，就能让美的能量流动起来，让相关的人都沐浴在美的海洋里，每个人都能够自美，每个人都在美人，大多数人都能欣赏异美，这样的美的能量就能够自养而养人。这才是大美的境界，才是最大限度地消灭人自身和人世间内耗的壮举！

若是能够在行善的过程中做到自美、美人、异美和共美，不是就能描绘出一幅极其美丽的人生画卷吗？

第57讲：你的美好世界有多大面积？

在生活中，遇到不善良的人时，你会怎么做？很多人会以不善良的态度来回应，而且会觉得这种以牙还牙的做法很过瘾。其实，面对不善良的人，还有更好的应对方式供人们选择。

第一种方式是隐忍。正所谓"小不忍则乱大谋"，隐忍者能成大事。总是因为忍不了一时、一事而影响大局，因为琐事而陷入泥潭，这样的人还怎么成就大事？

第二种方式是感化。正所谓"能化敌为友者才是高人"，将敌人变成朋友，才是消灭敌人的上策。如果不能感化敌人而只会激化彼此之间的矛盾，那就意味着关系的恶化。长此以往，一个人就会陷入敌人的重重包围之中。

第三种方式是绕过。能够成事的人，还具备另外一种灵活的身段，那就是绕过敌人奔向自己的目标。因为衡量人生成败的标准不是你战胜了多少敌人，而是你是否能够实现自己的目标。

劝人向善会增加个人美好世界的面积，也会将人间的氛围营造得更加美好。当然，劝人向善是需要功夫的。在顺势中成就一点事情不算什么大能耐。能够在逆势中转恶为善，转敌为友，化腐朽为神奇，这才是真功夫。

接下来，我们就来学习在行善十大纲要中排第四位的"劝人为善"，看看能从中学习到什么样的智慧与方法。

【原文】

何谓劝人为善？生为人类，孰无良心？世路^①役役，最易没溺。凡与人相处，当方便提撕^②，开其迷惑。譬犹长夜大梦，而令之一觉；譬犹久陷烦恼，而拔之清凉。为惠最溥^③。韩愈云："一时劝人以口，百世劝人以书。"较之与人为善，虽有形迹，然对症发药，时有奇效，不可废也。失言失人，当反吾智。

【注释】

①世路：社会之路。

②提撕：警惕，提醒。

③溥：广大，普遍。

【白话】

什么叫作劝人为善？生而为人，谁没有善良之心呢？人们在社会之路上辛苦地奔波，最容易沉沦。大凡与人交往，都应当适时开导他、提醒他，为他解开迷惑。就像他处于长夜梦中，要让他觉醒；就像他长期处于烦恼苦境，要把他解救出来，让他进入身心清凉的境界。这样做对他的恩惠最为巨大。韩愈说："一时劝人以口，百世劝人以书。"这与前面讲的"与人为善"相比较，虽然有劝的形式，但也是对症下药，时时会产生奇效，所以这种方法不可废弃。对不该规劝的人规劝了，或者对该规劝的人没有规劝，都是不明智的，我们应当反省自己智慧的不足。

孔子曰："可与言，而不与之言，失人；不可与言，而与之言，失言。智者不失人，亦不失言。"

在现实生活中，我们有时候会见到一些恶行，让我们失去内心的平静，觉得社会少了一些温情。如今，我们的物质生活条件改善了很多，可精神层面似乎反而增加了很多新的苦恼。关键是，好的物质生活可以让人高兴一时，精神的困苦却会长久折磨着人的心灵。为何我们总能遇到那些不善良之人？我们该如何应对他们呢？我们通过解析当代人所面对的五个基本问题，来寻找答案吧。

第一个问题：什么人会做伤害自己的蠢事？

在过去，人们一定会说，只有傻瓜才会做伤害自己的蠢事。在现代，伤害自己的事做得最多的却是那些所谓的"聪明人"。他们出于利己之心去做事，最终却损害了自己的利益，也因此失去了自己获得未来利益的资格与机会。若是我们能够用圣贤的智慧帮助那些伤害自己的"聪明人"，让他们认识到自己的愚蠢，意识到唯有一心向善，才能耕种出自己的福田，善莫大焉！

第二个问题：什么人是你永远也叫不醒的？

这是当代一个比较流行的问题，答案当然也是流行版的"你永远也叫不醒一个装睡的人"。他为什么要装睡？因为他本能地去追逐外在的名利，一旦得手，外在名利或者权力与内在道德之间的落差又进一步加剧，他便一步步走向黑暗的深渊，即使睁着眼睛也看不到光明。若是我们能够用亡羊补牢的思维，在他即将付出沉重代价时唤醒他，让他明白内在决定外在、道德功夫决定外在智慧、超越名利回归质朴、奉献方能幸福平安这样的道理，善莫大焉！

第三个问题：什么地方精神病人最多？

这是一个精神病院的院长在与朋友聊天时提出的问题。朋友们听了这个问题表情都很愕然。紧接着，一位朋友好像脑洞大开一样说出了一句让

第57讲：你的美好世界有多大面积？

众人惊愕片刻但又随之默默点头的话："精神病院之外，精神病人最多。"

这实在是一个并不好笑的问题，那位仿佛智者的朋友给出的答案也让人哭笑不得。现代教育远比过去发达，掌握了很多知识的人要远远超过历史上的人，可为何现在很多人精神上却出现了问题？有人说，是因为外部的诱惑太多；有人说，是因为他们误把自己的欲望当成了理想；有人说，是因为他们追求的东西太多，但唯独忘记了让自己获得成长；有人嬉笑着说，对于现代人来说，精神已经成了肉体的阑尾；还有人说，当代人的精神疾病实际上背后有更深层的原因，表现出来的只是精神的症状，疾病的本质却是"灵魂病"。

实际上，之所以出现这样的乱象，很重要的一个原因，是这样的人没有接收到高维能量的指引与滋养。若是能够用圣贤智慧把这些人的心智轨道与精神方向调整过来，也许就能治愈一些现代人的精神异常，结束灵魂的漂泊与流浪。善莫大焉！

第四个问题：非暴力犯罪中什么人十恶不赦？

中国人常说这样一句话："不怕没好事，就怕没好人。"经常有一些人看起来是站在你的立场上，做的却是挑拨和拱火的事，让你渐渐失去理智，最终做出不理性行为；他们虽然不是直接作恶者，但也是十恶不赦，其心可诛。

那些数典忘祖，卖身投靠，出卖人格，只是一心追求自己名利的人，伤害了国家和民族的感情与利益，其罪当诛，因其罪属十恶不赦。

面对弱小的孩子，忽视或无力承担自己的责任，反而实施语言或其他形式的暴力，让幼小的心灵受到极大的伤害。这样的父母、这样的老师，亦属十恶不赦之人！

第五个问题：什么人容易遇到恶人？

很多时候我们觉得自己是好人，但又会因为遇到一些恶人而苦恼。实际上，好人与好人、恶人与恶人都是相互吸引的。当自以为自己是好人的人遇到了恶人时，恶人就是自以为是的好人用来照自己心底那份自己看不见的恶的一面镜子，这些恶人实际上是照着这个所谓的好人心底的恶而来的。若是不相信，你就可以看一看，你所遇到的那些恶人，当他们遇到大善之人时，就会表现出善的样子。这就证明了一个真理，你的善会招来善，你的恶也会招来恶。如果借着别人的恶能够看到自己的恶，这也是一种重要的觉醒了。

能够劝人向善，也是对自己心中坚守善的原则与方向的一种证明，更是对自己善的能力的一种证明。若问世间什么功德最大？劝人向善，胜过一切名利所得！

第58讲：犹豫的人会错过大造化

世界上有这样一种人，当别人遇到了麻烦或者倒了霉时，他就莫名其妙地高兴。实际上，他并没有因为别人遇到麻烦或倒霉而得到任何好处。这就是幸灾乐祸的心理，是一种不良的情绪，也是一种愚昧和因此而生的卑贱品性。世间真正的幸福和快乐并不是来自别人倒霉，而是来自自己的善良，来自帮助别人摆脱困苦与危机。是在别人身处顺势时帮忙还是在别人身处逆势时帮忙，也是衡量帮忙者善良程度的关键指标。

现在，我们就来说说行善十大纲要中的第五个行善智慧——"救人危急"，看看我们此时此刻是否有足够的善的力量来承担这样的特殊福气。

【原文】

何谓救人危急？患难颠沛①，人所时有。偶一遇之，当如痌瘝②之在身，速为解救。或以一言伸其屈抑，或以多方济其颠连③。崔子④曰："惠不在大，赴人之急可也。"盖仁人之言哉！

【注释】

①颠沛：生活陷入困境，四处流浪。

②痌瘝（tōng guān）：病痛，疾苦。

③颠连：困苦。

④崔子：指明代学者崔铣。

【白话】

什么叫作救人危急？忧患灾难、生活困顿，这是人们时不时会遇到的。偶然遇到有人处在困顿之中，就应当像自己正在承受病痛之苦一样，要赶快去解救他。或是用语言帮他申辩冤屈，或是用各种方法把他从困境中解救出来。崔先生说："给人的恩惠并不需要有多大，能救人于急难之中就可以了。"这真是仁者之言哪！

若是被问到人类社会中最珍贵的是什么，不同的人会有不同的答案。其中被提及最多的一个答案便是"在人生寒冷的时候遇到的温情"。人生几十年，谁都会遇到一些困难，若是遇到困难时众人都在冷眼旁观，而没有人伸手相助，人生就会变得更加艰难。

对人性最大的考验，就是是否会用自己的钱财，冒着连带的风险去帮助一个不可能回报你的陌生人。在极个别的一些地方，碰瓷已经成了一种"生意模式"，这一方面体现了碰瓷的人的堕落，另一方面也让那些道德感薄弱的人感到了灵魂遭遇考验时的战栗。也许这只是某个时期的一种暂时的现象，人们终会恢复人性的温情。

救人时可不可以先谈好回报？ 只要稍一思考，我们就会发觉这个问题的可笑之处。既然是救人，怎么可以先谈好回报作为条件呢？这不是趁人危难之际榨取别人的利益吗？很显然，这是极其不厚道的表现。如果是别人做生意遇到了困难向你借钱，并承诺给你高利息的回报，你该不该借钱给他呢？实际上，这样的事首先是生意，其次是情谊。那这算不算是救人呢？那要看你是否真的有能力救他。如果他表面上是缺钱，实际上是缺少道德

第58讲：犹豫的人会错过大造化

和能力，甚至他还向你隐瞒了困难的严重程度，此时他的问题很显然就变成了一个坑，你非但填不满这个坑，你自己也有可能被拖进坑里。如果你掌握了这些情况，心中就要清楚：如果帮不了，就不要帮；如果帮，既需要情意，更需要能力。当然，不帮，也不算是失了本分，因为生意场上的规则就是这样的。

怎么才算是帮人帮到底呢？当然是帮助对方达到了最终的效果，或者为最终的结果做出了决定性的贡献。若是别人苦苦相求，你的能力又有限，该怎么办呢？当然不能硬撑着，要直言相告，以免耽误他向其他人求助。在这种时候，千万不能不好意思！

救人于危难会有多大的功德呢？人间最大的功德，莫过于救人一命或者救人于危难之中，挽狂澜于既倒，扶大厦之将倾。一些善良而智慧通达的人明白了人生的这样一个道理，于是就投资办学开启众人心智，建立养老院让老人有所养，收留孤儿让孩子重新有个家，帮助有问题的孩子恢复正常，协助破碎的家庭重归于好，让内心受过伤害的人对生活重拾信心，留下善书启迪无数人的良心与善良，等等。说起来，能够救人脱离苦难，就是功德最大的善行！

收养流浪的动物能积累功德吗？将动物放生能积累功德吗？养宠物能积累功德吗？这三个问题所涉及的收养、放生、养宠物，倒是都反映出了一种对生命的关怀，只是要注意方法：收养流浪的动物，需要付出很多的时间、精力和财物，在这些方面你若是没有困难，当然也算是对生命的一种慈悲的情怀。但同时应该知道，对动物的情怀不可优先于对人的慈悲，也就是说，一方面收养动物，另一方面却对人不善，你的慈悲会大打折扣。将动物放生的问题，也要看具体情况，若是在表现自己慈悲的同时还暗含着自己的个人利益诉求，放生了动物却唯独不放过自己，也不放过身边的人，却又去苛求自己幸福和美好，这就肯定是算错账了。至于说养宠物有没有功德，很简单，可能是宠物对主人的功德大于主人对宠物的功德吧？对此，我想说的是，不要把什么都跟功德扯在一起，否则，就又是一种痴迷了。

若是一不小心救助了坏人，怎么办？ 既然有此特殊的机缘，那就劝他向善，劝他悔过赎罪。只要你努力了、尽心了，他如何选择与你并无多大关系，不用有太大的道德负担。

成功地救助了别人，可不可以收别人的礼物？ 象征性的小礼物是可以收的，尤其是对方强力、反复坚持的时候。为了让对方心安，就要象征性地收下，尽管你未必需要。但极其贵重的就不可以收，因为那样做像是一种交易。来日方长，大家做个朋友，也许是最好的选择，对彼此来说也是最大的收益。

由此来看，如果在医院里医生救治危难的病人是一种道义和责任，需要有专业技术的话，那在社会中的救人也是一门很特殊的学问，而且是每个人都应该掌握的。

第59讲："舍得"被很多人扭曲了

　　说起"舍得"文化，很多中国人都很熟悉。很多企业家的办公室都挂着写有"舍得"二字的牌匾，也有一些人总在念叨："舍得舍得，不舍不得，小舍小得，大舍大得。"

　　在这里，我们就来说说在行善十大纲要中排在第六位的"兴建大利"和排在第七位的"舍财作福"，看看我们能够从中学习到什么样的智慧与方法。

【原文】

　　何谓兴建大利？小而一乡之内，大而一邑之中，凡有利益，最宜兴建。或开渠导水，或筑堤防患；或修桥梁，以便行旅①；或施茶饭，以济饥渴。随缘劝导，协力兴修，勿避嫌疑，勿辞劳怨②。

【注释】

　　①行旅：往来的旅客。

　　②勿辞劳怨：不辞辛苦，不怕抱怨。

【白话】

什么叫作兴建大利？小到一个乡，大到一个县，凡是对大众有利益的事情，就应该去做。或是开挖沟渠，引水灌溉农田；或是修筑堤坝，预防洪灾；或是修架桥梁，方便往来的旅客；或是施舍茶饭，救助饥渴的人。顺应机缘劝导民众，大家齐心协力地去做有益的事，不辞辛苦，不怕抱怨。

善良的中国人总是为别人着想，见到弱小困苦之人，总想着去帮助他们。从古至今，在道德主流中的中国人就是这么想、这么做的。

实际上，善良、吃苦耐劳、智慧等品质是连成一体的。对人善良就是对自己善良，帮助别人就是帮助自己。甚至可以说，持续地帮助别人，就是在拯救自己的灵魂。这样一段由善良启动、驱动和支撑，由吃苦耐劳、自强不息的精神做保障，最终一定会产生智慧的思想链条，怎是那些算计眼前的人能够洞察和理解的呢？

也许，精明与智慧的本质区别就在于：精明的人只为自己算计，智慧的人为别人考虑；精明的人盘点的是个人的短期收益，智慧的人计算的是众人的全面长期收益；精明的人自我就是自己，智慧的人自我就是众生。

【原文】

何谓舍财作福？释门①万行②，以布施为先。所谓布施者，只是"舍"之一字耳。达者③内舍六根④，外舍六尘⑤，一切所有，无不舍者。苟非能然，先从财上布施。世人以衣食为命，故财为最重。吾从而舍之，内以破吾之悭⑥，外以济人之急。始而勉强，终则泰然，最可以荡涤私情，祛除执吝。

①释门：佛教。

②万行：各种各样的善行。

③达者：明白通达的人。

④六根：佛教用语，眼、耳、鼻、舌、身、意合称为"六根"。

⑤六尘：佛教用语，色、声、香、味、触、法合称为"六尘"。

⑥悭：吝啬。

【白话】

什么叫作舍财作福？佛教所提出的各种各样的善行，以布施为第一。所谓的布施，只是"舍"字而已。明白通达的人，对内能够舍眼、耳、鼻、舌、身、意这六根，对外能够舍色、声、香、味、触、法这六尘，自己身内身外所有的一切，全都能够舍弃。如果我们还不能做到这些，就先从财物上开始布施。世上的人都靠衣食维持生存，所以很多人将钱财看作最重要的东西。我们就舍弃钱财，对内破除自己的客啬之心，对外救济别人的危急。开始的时候会有一些勉强，慢慢地就会变得自然。这个方法最能消除人的自私，也有助于去除贪婪之心。

实际上，"舍得"文化是一种非常微妙的中国智慧，只是在现实中被很多不明真相的人扭曲了。

微妙之一：俗人皆想得，而你敢舍，你就是出类拔萃的不俗之人，你的灵魂已经站在众俗之上，甚至具备了俯视众生的高度。

微妙之二：俗人即使偶尔去舍，心中也在想着"借舍去得"；而你却一心在"舍"，不生"得"之二念，谓之不贰。这是神圣之人的心智状态，是在打开众人的心灵频道，是在跟众人的心灵对话。

微妙之三：一心舍，无二得，这是近乎农家的智慧——留下最好的粮食做种子，而不是吃掉。将种子在合适的季节播种到地里，顺从种子生长的时间线，绝不去翻看，也绝不拔苗助长，用心地呵护，等到果实成熟的时候，自然就有了收获。

微妙之四：经过一个从播种到收获的过程，然后还要去养护土地，绝不是一味地去向大地索取。如此，才可以长久。

微妙之五：人生就是一个不断获取和舍弃的过程，因为一个人对于任何事物、利益乃至于自己的生命，都不具有永久的所有权。明白这一点的人，就能够不断地得到，又主动地不断舍弃。到达人生终点时，灵魂因为没有负担而获得彻底的自由。这才是人生的终极真相！

也许，最大的智慧就在人与自然的和谐关系中，而不是自私地去杀鸡取卵；或者如同开车一样，忙碌起来只知用车而不知保养；或者为了去办什么急事，即使刹车不灵也敢贸然上路。

现代聪明的人们到底是怎么了？也许，当我们回归质朴，回到田野，体验耕种，用纯心的"舍"去赎回我们出卖给名利的灵魂时，才能治好我们的心智异常和精神障碍。

第60讲：命运的核心是你正守护什么

在动物界，动物们都会呵护自己的幼崽。在人类社会中，长辈也都会呵护年幼的孩子。这是动物和人类共有的一种最基础性的情感。如果失去了这种情感和责任，就会威胁到种族的存续。

每个人在成长过程中，都会受到长辈、领导的爱护。当然，如果长辈、领导不爱护晚辈和下属，就不会受人尊重。即使是朋友交往，双方也都有义务共同维护彼此的友谊和情谊。当然，如果双方不去共同维护，友谊和情谊就很容易被破坏。

平时，我们都在一个组织中活动，每一个成员都有责任去维护这个组织的声誉。如果我们不去维护自己所属组织的声誉，也就失去了作为组织成员的资格。

每个人都隶属于一个民族和一个国家，每个人都有责任去维护自己民族和国家的尊严，都有义务去为它的强盛做出自己的贡献。如果不去维护自己民族和国家的尊严，甚至做出背叛和伤害民族与国家的举动，就是全人类共同鄙视的叛徒。如果不去为自己的国家和民族贡献自己的力量，也会被视为寄生虫。

实际上，每个人都在维护着自己生命中最重要的力量。层次低的人维护的是虚荣和面子，自私的人维护的是自己的私利，英雄维护的是自己的民族和国家，伟人和圣人维护的是全人类的正义与真理。

一个人心中坚定不移地护持的力量，能够让自己的灵魂站在高地，这是一个人精神领域中最大的秘密。一个人若维护的是自己的私利，那就注定了他此生的渺小；若维护的是一种邪恶，那就注定了他此生的凄惨；若维护的是正义与真理、民族与国家，不管他身处什么样的地位，也都注定了他的伟大与崇高。

现在我们就来学习行善十大纲要的第八个智慧——"护持正法"，重新审视和思考自己正在维护什么。

【原文】

何谓护持正法？法者，万世生灵①之眼目也。不有正法，何以参赞天地？何以裁成万物？何以脱尘离缚？何以经世、出世？故凡见圣贤庙貌、经书典籍，皆当敬重而修饬②之。至于举扬正法，上报佛恩，尤当勉励。

【注释】

①生灵：这里主要指人。

②饬：整理。

【白话】

什么叫作护持正法？正法，是万世以来人们的眼睛。如果没有正法，人怎么帮助天地化育万物呢？怎么能够剪裁、成就万物？怎么能够斩断烦恼、摆脱尘世的束缚？怎么能够治理国家或超越尘世？因此，凡是见到庙堂、圣贤画像、经书典籍，都应当敬重并进行修复整理。至于弘扬正法、报答佛祖等圣贤的教化深恩，更应该鼓励。

看到"护持正法"这样的字眼，很多人自然联想到了宗教，进而又自然联想到了寺庙、道观里迷茫的众生。对于这一类现象，一些学习科学的现代人似乎不以为意。先不论世界上其他国家的宗教之真伪或者正邪，先就儒、释、道三家思想来说，道家学派创始人老子，大约比孔子年长二十岁，也被孔子尊为师长。老子为后人、为世界提供了一部五千言的《道德经》，受到世界的推崇，流传两千多年而历久弥新，帮助无数人提升了智慧。儒家以孔孟为代表，主张"仁义"思想，为中国人的世俗道德奠定了坚实的人文根基。释家则是一位放弃了王子身份和荣华富贵的皇宫生活的人，毅然决然地投入到为万民寻找解脱痛苦的方法的智途中，通过苦修和静思，觉悟了生命和人生智慧，为很多人找到了一条人生的光明大道。

我们不仅仅要爱国，要保护自己国家的领土，保护自己国家的文化，更要维护自己的祖宗和他们伟大的思想，因为这是我们的"精神国土"。

当许许多多的人称赞和仰慕中华文化的优秀和美妙时，我们作为中华儿女和龙的传人，就不仅要用一种情怀去爱护我们的精神国土，而且要继承和发展，并将其转化成为我们的软实力，使自己成为中华文化的楷模。如此，才能不负祖先的智慧，才能得到历世检验过的文明的滋养，才能成为真正的中华儿女！

守土有责，丧宗可耻！这应该成为每一个中国人的立场。

历史上也有很多满怀正义感的人，他们用自己的生命护持着心中的正义，他们用生命维护着世间的真理，他们是我们民族伟大精神的护法使者。每每想起他们的事迹，我们心中都充满敬意。

我们的民族能够走到今天，而且能够国运昌盛，当然是因为我们的民族有一批护持真理的人。他们为了护持真理，牺牲了自己安逸的生活，他们的奉献与牺牲精神感动了无数人。

当然，在不同的时期，总有一些人为了护持自己的那一点私利而玩尽心机，最终被钉在历史的耻辱柱上。

我们也经常能够遇到一些冥顽不化的人，他们护持着自己那并不是真理的观点和偏见，让自己深陷愚昧的泥潭。最终，他们不仅让自己的生命停止了进化，他们的负能量还波及周围很多人。你说说看，这样的人最终会有什么样的命运呢？

每个人都在护持着一种力量，一个人正在护持什么，就是他精神领域中最大的秘密。各位朋友，你的心中正在守护着什么样的力量呢？你的命运又会因为这种力量而走向何方？

第61讲：智慧来源决定了人的命运

要改变命运，就必须拥有智慧。要拥有智慧，就必须拥有美德。人类的每一项美德，都具有美化和增益生命的功能。如果一个人感觉自己的生命还没有那么美，自己的生命智慧成长得还没有那么令自己满意，那一定是在美德方面有所欠缺。

本讲就来说说行善十大纲要中的第九个行善智慧——"敬重尊长"。

【原文】

何谓敬重尊长？家之父兄，国之君长①，与凡年高、德高、位高、识高者，皆当加意奉事②。在家而奉侍父母，使深爱婉容③，柔声下气，习以成性，便是和气格天④之本。出而事君，行一事，毋谓君不知而自恣也；刑一人，毋谓君不知而作威也。事君如天，古人格论，此等处最关阴德。试看忠孝之家，子孙未有不绵远而昌盛者，切须慎之。

【注释】

①君长：君王，长官。

②奉事：侍奉。

③婉容：态度柔和恭顺。

④格天：感动天心。

【白话】

什么叫作敬重尊长？家中的父亲、兄长，国家的君王、官员，以及所有年龄大、品行好、职位高、见识广的人，我们都应当用心地侍奉。在家侍奉父母，要深爱他们，态度要柔和恭顺，把这样的行为养成习惯，这便是和气而感动天心的根本。出仕后侍奉君主，每做一件事情，不要以为君王不知道而骄横放纵；每审讯一个犯人，不要以为君王不知道就作威作福。事君如事天，这是古人的至理名言，这种事情与阴德关系最大。试看忠孝之家，他们的子孙都绵延不绝、繁荣昌盛，所以，一定要小心谨慎。

说起感悟，恐怕就离不开对人性的认识。在这些年的修行生活当中，我曾经听一些修行了几十年的人谈到了几种人性的状态。这几种状态既可能是某些人的一种现实状态，也可能是在人性进化过程中的一个暂时的过渡状态。

第一种是"动物级"状态：没开化的人，长着人样，心中却充满兽性；表现出的是不懂人理，张嘴就胡说，说话就伤人，干事就害人。

第二种是"初始人"状态：不太稳定，状态时好时坏。状态好的时候，懂人理，说人话，干人事；状态不好的时候，就可能像发了疯一样。

第三种是"聪明人"状态：处于这种状态的人看起来聪明伶俐，但也是处处为自己算计。他们对你好时，一定是有求于你；亲近你时，一定是你有利用的价值；尊敬你时，一定是觉得惹不起你；当你遇到困难时，他们一定会嘲讽你。当然，当一个人这样做人做事时，其聪明劲儿就会被别人看穿，自然也就算不上是聪明了。

第四种是"作死人"状态：一说话就拉仇恨，一交友就变仇人，一自夸就被鄙视，自私积累罪愆，疯狂糟蹋身体，犯浑丧失道德，错误的总是别人，正确的总是自己，空闲时总是无聊，堕落后却没羞耻。

第五种是"分裂人"状态：当面客气恭维，背后讽刺诋毁；公开倡导正义，私下自私龌龊；说话傲慢官腔，心中顽固自恋；总是自视清高，拒绝学习提高；说话头头是道，做事处处砸锅。

第六种是"修行人"状态：敬重尊长，爱护弱小，时刻小心心贼，有过当即就改，见贤躬身学习，遇难伸手帮人，扎实追求理想，自强自爱自律，犹如神明考试。

第七种是"得道人"状态：他们平和而慈悲，质朴而真诚，通透而大度，低调但智慧，敬人如敬神，处处皆益人，得失皆随意，顺逆皆乐观，无畏也无忧，无怨又无求，潇洒自逍遥，似乎这个世界就是自家的后花园。中国的古圣先贤、现实中的修行得道者，都是身在红尘而又不染的超越者！

大部分人都习惯于在现实层面上思考问题，那我们就从现实层面上来说吧。

如果一个人缺乏智慧，他的人生就会陷入困顿的泥潭。现实中的人们都想拥有至高的智慧，一个人要想拥有智慧，不仅要善于学习和实践，还要尊重自己民族的历史，从自己民族的文明积累中继承历史经验与教训。如果一个人想增加自己的智慧，必不可少的一个路径就是读历史。想想看，把几千年历史中无数精英的经验教训接入自己的生命意味着什么？相反，若是一个人割断了自己与几千年文明的能量的关系，一切都要从头开始，在人生百年的时间里，还来得及吗？难道要把所有的错误犯一遍才能得到智慧吗？我们一定要尊重自己民族的历史，尊重自己民族的文明，尊重自己民族历史上的圣贤，因为这是一个人智慧的最重要的来源。唯有具备智慧连续传承和不断叠加的文明模式，一个民族才能生生不息。当然，世界上各个民族都有自己的历史和智慧，能够让自己的心智链接世界智慧的人，自然就有了国际的视野。关键的问题是：现在的你，建立这种渠道和网络了吗？

可供我们学习和传承的最近的历史来自家中的长辈、求学中的师长、交往中的尊长、共事中有各种长处的同事。一个具备敬重尊长美德的人，自然就会从尊长那里获得很多鲜活的、现成的智慧。因此，百善孝为先、尊老爱幼、三人行必有我师焉等中华美德，都具备三项重要的人生功能：一是降服自己的傲慢，二是获得他人的经验教训，三是促进人间的和谐。

毫无疑问，一个能够承载大智慧的人必然是将个人与国家命运联系在一起的人。古人有忠君爱国的美德，当今的很多人却只是爱自己，将忠君视为封建思想，但又渴望别人能够忠诚于自己。很多做小组织领导者的人，最苦恼的事恐怕就是大家不忠诚于组织和领导者。忠诚不是失去自我，而是融入大局，是高尚的灵魂所孕育出的伟大的品格，也是衡量一个人人格是否成熟的重要指标。

也许，很多忙碌的人，之所以时常处在迷茫和失魂落魄的状态，就是一直在消耗自己的生命，就是一直把外在的名利当成自己的人生目标，而忘记了帮助自己的道德生命成长才是人生中的核心。

一个觉悟了的人，秉持的是敬人如敬神的高尚美德。当一个人孝敬父母、尊重长辈、珍惜朋友、忠诚于国家、善待每一个相遇的有缘人，他就有能力伸手去帮助别人。对别人真正的善，都是纯出内心，自然而然做出来的。

第62讲：爱惜物命来养心

本讲就说说在行善十大纲要中的第十个行善智慧——"爱惜物命"。

【原文】

何谓爱惜物命？凡人之所以为人者，惟此恻隐①之心而已；求仁者求此，积德者积此。《周礼》："孟春之月，牺牲②毋用牝。"孟子谓："君子远庖厨。"所以全吾恻隐之心也。故前辈有四不食之戒，谓闻杀不食③，见杀不食，自养者不食，专为我杀者不食。学者未能断肉，且当从此戒之。渐渐增进，慈心愈长。不特杀生当戒，蠢动④含灵，皆为物命。求丝煮茧，锄地杀虫，念衣食之由来，皆杀彼以自活。故暴殄之孽，当与杀生等。至于手所误伤，足所误践者，不知其几，皆当委曲⑤防之。古诗云："爱鼠常留饭，怜蛾不点灯。"何其仁也！

【注释】

①恻隐：怜悯，同情。

②牺牲：做祭品用的牲畜。

③闻杀不食：听见杀牲畜的声音，就不吃它的肉。

④蠢动：蠕动，骚动，这里指小虫子。

⑤委曲：小心谨慎，想方设法。

【白话】

什么叫作爱惜物命？人之所以能称为人，是因为有一颗恻隐之心，求仁的人求的就是这颗恻隐之心，积德的人积的也是这颗恻隐之心。《周礼》上说："初春祭祀，不要用雌性的牲畜做祭品。"孟子说："君子要远离厨房。"这都是保全恻隐之心的方法。因此前辈有"四不食"的戒律：听到宰杀声音的不吃，看到宰杀场面的不吃，自养的动物不吃，专为自己宰杀的不吃。刚开始学习行善的人，如果不能做到完全不吃肉，也可以从这"四不食"做起，让慈悲心渐渐增长。不仅要戒掉吃肉的习惯，就连小虫子也是有灵性、有生命的。为了求取丝绸而煮蚕茧，为了种庄稼而杀死了土地里的虫子，想想我们衣食的由来，我们就是在残杀别的生命来养活自己。所以任意糟蹋东西的罪孽，是与杀生吃肉等同的。至于手所误伤、脚所误踏而死去的生命，真不知道有多少，我们应当小心谨慎地加以避免。古诗里说道："爱鼠常留饭，怜蛾不点灯。"这是多么有爱心哪！

孟子曰："恻隐之心，人皆有之；羞恶之心，人皆有之；恭敬之心，人皆有之；是非之心，人皆有之。恻隐之心，仁也；羞恶之心，义也；恭敬之心，礼也；是非之心，智也。"

在"爱惜物命"这一主题中，了凡先生专门强调了儒家一直倡导的人类基本德性"四端"——恻隐之心、羞恶之心、恭敬之心、是非之心中的恻隐之心。

人类有个很久远的共识：万物有灵，人为万灵之首。

很多人都看过野兽凶残的一面，它们面无表情地撕扯着、吞噬着猎物。人类早已走过了茹毛饮血的野蛮时代，学会了用火烧煮烹炸。现实中的人也不大可能都去过那种近乎出家人的生活，但古人所说的"四不食"似乎也可以作为借鉴。

这让我想起了历史上一个著名的典故，就是"孟母三迁"。孟子小的时候，居住的地方离墓地很近，孟子学了些祭拜和哭号之类的事。因此他的母亲认为这个地方不适合孩子居住，就将家搬到集市旁。孟子又跟着商人学做买卖，观察屠夫屠牛杀羊之类的事。他的母亲认为这个地方也不适合孩子居住，又将家搬到学宫旁边。孟子学会了在朝廷上鞠躬行礼及进退的礼节。他的母亲认为这才是适合孩子居住的地方，于是就在这里定居下来了。

也许，现代人不能像古代圣人教育我们的那样去做，但也不能丢了对其他生命的恻隐之心，否则，我们的心可能就会变得越来越残忍。保持住这一丝恻隐之心，也许能够降低我们犯下严重罪恶的概率。

【原文】

善行无穷，不能殚①述。由此十事而推广之，则万德②可备矣。

【注释】

①殚：完全。
②万德：各种各样的美德。

【白话】

善行的种类无穷无尽，不能全都论述出来。先做好这十类善事，再推广开去，则各种美德就都具备了。

善待别人，就是善待自己。善待万物，就是善待自己的灵魂。唯有善待自己和万物者，才能真正改变自己的命运。

如果你经常放生，那么请你顺便放过自己；如果你真懂放生，那么请你放过你身边的人；如果你真想重生，那么请你放掉过去的怨恨；如果你能够新生，那么请你不要再指责和伤害别人；如果你渴望长生，那么请你务必勇敢改过、笃定行善。一颗善心，能够减少我们的罪恶；一颗善心，能够开启我们与这个世界的和谐新篇章。

四、谦德之效

第63讲：谦虚让灵魂无限增高

　　北宋知名理学家张载有一句传世的名言："为天地立心，为生民立命，为往圣继绝学，为万世开太平。"哲学家冯友兰先生称其为"横渠四句"，无数后世儒生以此作为一生的理想，在人生陷入困境的时候更是以此自勉。

　　说起来，人生陷入困境，其实就是一不小心开启了小人模式：一是无视天地大道，随心所欲，将任性、野性当成个性与自由，实际上是处于一种脱轨和失控的状态；二是以自己的私利立命，把为了别人好当成手段，所以难以做到真心至诚，状态也飘忽不定；三是以知识经验观世，没有真心沉入圣贤智慧，没有机缘领悟大道，看似精明实际上怎么也算不过天；四是沉陷于个人的小圈子，没有世界和历史的时空观，自我封闭，画地为牢，在向往中纠结徘徊。

　　了凡先生通过自己的亲身实践，总结提炼出了改变人生命运的四部曲：

　　第一，为天地立心，为生民立命，掌握内求的法门，从而回归命运驱动的原点；

　　第二，清理内心的杂念、邪念，随时觉察，立马改正，不累积小恶，从而日益清朗；

　　第三，真心行善，掌握行善的智慧，则可形成自己的能量中心，普照所及；

第四，做到前面所说的三个方面，则命运景象巨变，只是要小心此时依然有重蹈覆辙的危险，须谦德守护。

现在，我们来学习《了凡四训》的第四篇——"谦德之效"。

【原文】

《易》曰："天道亏盈①而益谦②，地道变盈而流谦，鬼神害盈而福③谦，人道恶盈而好谦。"是故《谦》之一卦，六爻皆吉。《书》曰："满招损，谦受益。"予屡④同诸公应试，每见寒士将达，必有一段谦光⑤可掬。

【注释】

①盈：盈满，比喻骄傲、自满。

②谦：谦虚。

③福：赐福。

④屡：多次。

⑤谦光：谦虚的美德。

【白话】

《周易》说："天之道是让骄傲自满的亏损，让谦虚的受益；地之道是减损骄傲自满的，添补谦虚的；鬼神之道，是损害骄傲自满的，而赐福给谦虚的；人之道，是憎恶骄傲自满的，而喜爱谦虚的。"因此，"谦"这一卦，六个爻都是吉祥的。《尚书》也说："骄傲自满会招来亏损，谦虚谨慎会获得好处。"我多次和许多人一起去赴考，每每看到将要考中而飞黄腾达的贫苦读书人，他们一定都表现出了谦虚的美德。

从古至今，凡导致人生大亏损者，皆中了共同的魔咒："傲"和"满"。凡持续让人生增益者，皆因有共同的美德："谦"和"虚"。

了凡先生讲了自己身边因谦恭而获福的几个实例。

第一例

【原文】

辛未①计偕②，我嘉善同袍凡十人，惟丁敬宇宾，年最少，极其谦虚。予告费锦坡曰："此兄今年必第。"费曰："何以见之？"予曰："惟谦受福。兄看十人中，有恂恂③款款④、不敢先人，如敬宇者乎？有恭敬顺承、小心谦畏，如敬宇者乎？有受侮不答⑤、闻谤不辩，如敬宇者乎？人能如此，即天地鬼神，犹将佑之，岂有不发者？"及开榜，丁果中式。

【注释】

①辛未：指1571年。

②计偕：指举人进京参加会试考进士。

③恂恂：温和恭谨的样子。

④款款：诚恳的样子。

⑤答：报复。

【白话】

辛未年（1571年），举人们进京应试，我们嘉善县去应考的同乡总共有十人，丁敬宇最为年轻，而且非常谦虚。于是我对费锦坡说："丁敬宇仁兄今年一定能考中。"费锦坡说："你怎么看出来的？"我回答道："只有谦虚的人才能获得福报。仁兄你看，这十人当中，有谁像他那样温和恭谨、忠诚恳切、不敢占人之先？有谁像他那样恭敬顺受、小心谦虚、满怀敬畏之心？有谁像他那样受到侮辱而不报复、听到谤言而不分辩？人能做到这样，就连天地鬼神也会保佑他，他岂有不发达的道理？"等到放榜，丁敬宇果然考中。

世上之人，谁不想求个好命运？明白之人，谁不懂得勤奋好学方能获得机会？学富五车，关键还要看自己命中有没有车可以承载。了凡先生践行了命运之学，观人相也可知命运。

看那受福之相的人，信实诚恳，不占人先，恭敬顺受，小心谦畏，受侮不答，闻谤不辩。

第二例

【原文】

丁丑①在京，与冯开之同处，见其虚己②敛容③，大变其幼年之习。李霁岩直谅④益友，时面攻其非，但见其平怀顺受，未尝有一言相报。予告之曰："福有福始，祸有祸先。此心果谦，天必相⑤之。兄今年决第矣。"已而果然。

【注释】

①丁丑：指1577年。

②虚己：虚心。

③敛容：面容严肃、庄重。

④直谅：正直诚信。

⑤相（xiàng）：帮助，保佑。

【白话】

丁丑年（1577年），我在京城，与冯开之同住一处，看见他虚心自谦，面容严肃、庄重，完全改变了他年少时的陋习。李霁岩正直诚信，常常当面指责他的过失，他都心平气和地接受，从来不为自己辩解。我告诉他说："福有福的苗头，祸有祸的征兆。一个人内心如果真的如此恭敬，上天必定会保佑他、帮助他。仁兄你今年一定能中进士。"后来他果然考中了。

观人相貌，知人祸福。凡有福者，皆有福苗。

将遭祸者，必显祸兆。虚怀若谷，大福之器。

容貌端庄，天人之相。安然顺受，众福入命。

逞口舌能，必败福缘。骄傲轻浮，自招祸端。

第三例

【原文】

赵裕峰光远，山东冠县人，童年举于乡，久不第。其父为嘉善三尹①，随之任。慕钱明吾，而执文②见之。明吾悉抹其文，赵不惟不怒，且心服而速改焉。明年，遂登第。

【注释】

①三尹：官名，即主簿。

②执文：带着自己写的文章。

【白话】

赵裕峰，名光远，山东冠县人，年龄很小时参加乡试，就考上了举人，但是从那以后却很长时间考不上进士。他的父亲到嘉善县做主簿，他就跟着父亲来到嘉善县。他很仰慕钱明吾先生的学问，就带着自己写的文章去拜访钱先生。钱先生把他的文章全都涂改掉了，他不但不生气，而且打心眼里佩服钱先生才思敏捷，很快把自己的文章修改了。第二年，他就考中了进士。

谦卑纳福者，处处亲近德才高人。

傲慢招祸者，处处沾染庸俗之辈。

善接教化者，没有屈辱只有受益。

命薄福浅者，逢人逞能遇挫疯狂。

第四例

【原文】

壬辰岁①，予入觐②，晤③夏建所，见其人气虚意下，谦光逼人④。归而告友人曰："凡天将发斯人也，未发其福，先发其慧。此慧一发，则浮者自实，肆者自敛。建所温良若此，天启之矣。"及开榜，果中式⑤。

【注释】

①壬辰岁：指1592年。

②入觐：觐见皇帝。

③晤：遇见。

④谦光逼人：谦虚之神采照人。

⑤中式：考试取中。

【白话】

壬辰年（1592年），我入朝觐见皇帝时，见到了夏建所，我看到他谦虚的神采极盛。回去后，我就对朋友说："一般上天想让一个人发达的时候，在赐予他福报之前，会先开发他的智慧。智慧一旦开发出来，就会使轻浮的人变得踏实，使放纵的人变得自律。夏建所这么温和善良，一定是上天在开启他的智慧呀。"等到发榜，他果然考中了进士。

受福者，必虚心恭谨，谦虚光彩极盛成光。

受福者，必先开其智，浮滑转成稳重诚实。

受福者，必降服傲心，端庄谦恭温和善良。

第64讲：怎样才能守住改好的命运？

如果一个人能够自己主宰命运，必是能够改过、行善之人。

如果一个人通过改过行善改变了命运，那能否守得住自己改好的命运，就要看他是否具有谦德这一法宝了。

【原文】

江阴张畏岩，积学①工文②，有声艺林③。甲午④，南京乡试，寓一寺中，揭晓无名，大骂试官，以为瞇目。时有一道者，在傍微笑，张遽⑤移怒道者。道者曰："相公⑥文必不佳。"张益怒曰："汝不见我文，乌知不佳？"道者曰："闻作文，贵心气和平，今听公骂詈，不平甚矣，文安得工？"

张不觉屈服，因就而请教焉。道者曰："中全要命，命不该中，文虽工，无益也。须自己做个转变。"张曰："既是命，如何转变？"道者曰："造命者天，立命者我。力行善事，广积阴德，何福不可求哉？"张曰："我贫士，何能为？"道者曰："善事阴功，皆由心造。常存此心，功德无量。且如谦虚一节，并不费钱，你如何不自反而骂试官乎？"张由此折节⑦自持，善日加修，德日加厚。

丁酉⑧，梦至一高房，得试录⑨一册，中多缺行。问旁人，曰："此今科试录。"问："何多缺名？"曰："科第阴间三年一考较，须积德无咎者，方有名。如前所缺，皆系旧该中式，因新有薄行⑩而去之者也。"后指一行云："汝三年来，持身颇慎，或当补此，幸自爱。"是科果中一百五名。

【注释】

①积学：学识渊博。

②工文：善于写文章。

③艺林：指学界，文人聚集之地。

④甲午：指1594年。

⑤遽：立即。

⑥相公：古时候对上层社会年轻人的敬称。

⑦折节：改变之前的品德、言行。

⑧丁酉：指1597年。

⑨试录：考试的录取名册。

⑩薄行：不忠厚的行为、过失。

【白话】

江阴人张畏岩学识渊博，很善于做文章，在学界名气很大。甲午年（1594年）南京乡试，他借住在一座寺庙中。考试结果揭晓后，他榜上无名，大骂考官有眼无珠，分辨不出文章的好坏。当时旁边刚好有一个道人，对此微微一笑，张畏岩就迁怒于道人。道人说："您的文章肯定写得不怎么样。"张畏岩更加生气了，说："你又没看我的文章，怎么知道我写得不好？"道人说："我听说写文章最重要的是心平气和，现在听到您骂人，就知道您的心气非常不平和，文章怎么可能写得好呢？"

张畏岩听后心里服气了，于是走到道人身边，向他请教。道人说："能不能考中全看命，若是命中注定考不上，文章写得再好，也是没用的。您一定要自己做出改变。"张畏岩说："既然是命中注定，又怎么改变呢？"道人说："安排命运的是上天，改变命运则靠我们自己。努力做善事，广泛地积累阴德，什么样的福祉我们追求不到呢？"张畏岩说："可是我只是个贫穷书生，能做什么善事呢？"道人说："善事与阴德，都是由内心产生的，只要常存做善事、修阴德的心，就能获得功德了。况且，谦虚这一品质并不用花钱去买，你为什么不反躬自省，而是辱骂考官呢？"张畏岩从此痛改前非，严格约束自己的行为，善行一天天地增加，功德也一天天地加厚。

丁酉年（1597年），张畏岩梦见自己到了一座高大的房子里，看见一本名册，其中有许多空行。他问旁边的人这是什么名册，旁边的人回答说："这是今年科举考试的录取名册。"张畏岩问："为什么有这么多空行？"那人回答说："阴间每三年核查一次，只有积累功德且无恶行的人才会被录取。这本册子中的空行，都是原本该录取却因为最近犯有过失而被划掉的人名。"那人又指着其中的一行说："你这三年来严格要求自己，也许能补这一个空缺，希望你自爱。"这次乡试，张畏岩果然中了第一百零五名。

天道是根据福善祸恶的原则，按照个人的善德恶行，对他的命运加以安排，至于或行善或作恶，却是取决于个人，即如前面云谷禅师所说："天不过因材而笃，几曾加纤毫意思？"所以"造命者天，立命者我"，即是在告诉我们：描绘命运蓝图的是我们自己，上天不过是按图施工而已。

"善事阴功，皆由心造。常存此心，功德无量。"这十六个字，实在是我辈的心经，要常念常行，此乃立命、修行的入手功夫。又，此十六字与

"积善之方"一章中的"阴阳"之说和"半满"之说一起研读，体会更深。

了凡先生所说张姓才子，才不过三斗，竟然张狂可以指天！看不清自己的才能如何，却责难别人，岂不是兽性发作？幸得道人指点，激活"谦虚圣门"，方有了接志纳福之心量，才从那种张狂和责难的"拉仇恨""铸贱命"的泥潭中走了出来。

人生就是从不完美走向完美的历程。人生在世，本质在于找到短处并及时补足。若是在不完美中自恋，必将让人生沦陷。若你有才，重在自知浅陋而未及巅峰。若你有才，重在补足"德腿"的欠缺，莫再单腿蹦跳！

第65讲：心想事成背后暗藏的秘密

了凡先生用他自己的人生经历，亲证了中华文化中的"命运学"真理，为我们留下了一个巨大的人生宝藏。

心善行正，虚心谦卑，这是受福的基础，也是能让福运长远的根本原因。

【原文】

由此观之，举头三尺，决有神明①；趋吉避凶，断然②由我。须使我存心制行③，毫不得罪于天地鬼神，而虚心屈己④，使天地鬼神时时怜我，方有受福之基。彼气盈⑤者，必非远器，纵发亦无受用。稍有识见之士，必不忍自狭其量，而自拒其福也。况谦则受教有地，而取善无穷，尤修业者所必不可少者也。

【注释】

①神明：神灵，神仙。

②断然：一定，肯定。

③存心制行：存善心，约束自己的行为。

④屈己：谦卑。

⑤气盈：盛气凌人。

【白话】

由此可以看出，举头三尺，就一定有神灵在监视着我们；而趋吉避凶，则一定要依靠我们自己。我们一定要存善心，约束自己的行为，丝毫不能触怒天地鬼神，而且要虚心谦卑，使天地鬼神时时怜惜我们，这样才有接纳福气的基础。那些盛气凌人的人，一定没有远大的志向，即使偶然发达，也无法一直享受这种上天的护佑。稍微有见识的人，一定不愿意让自己气量狭小，而拒绝上天的福佑。况且，谦恭的人才会有受教于他人的余地，无穷尽地吸取别人的长处，这是修习学业的人所必不可缺少的。

读了了凡先生这段话，我们要时刻记住以下六句话：

人要有敬畏心，如此才能避免轻狂和兽性发作；

人要有主命心，只要立天命就能自己主宰命运；

人要常存善心，因为这是打开命运之门的钥匙；

人要虚心谦卑，因为这是盛装自己福气的容器；

人要戒绝自满，否则纵然能够发达也无福享受；

人要谦恭受教，吸收别人的长处才能壮大自己。

【原文】

古语云："有志①于功名者，必得功名；有志于富贵者，必得富贵。"人之有志，如树之有根。立定此志，须念念谦虚，尘尘②方便，自然感动天地，而造福由我。今之求登科第者，初未尝有真志，不过一时意兴耳。兴到则求，兴阑③则止。孟子曰："王④之好乐甚⑤，齐⑥其庶几乎！"予于科名亦然。

　　　　　　　　　　　第65讲：心想事成背后暗藏的秘密

①志：要有所作为的决心。

②尘尘：极小的事情。

③阑：衰退，尽。

④王：齐宣王。

⑤好乐甚：特别喜欢音乐。

⑥齐：齐国。

【白话】

古人说："有志于求取功名的人，一定得功名；有志于获得富贵的人，一定得富贵。"人有了志向就像树有了根。立了志，就要谦虚谨慎，不管大事小事都给人方便，这样自会感动天地，所以求取福祉全在自己。如今一些求取功名的人，一开始在这方面并没有真正的志向，不过是一时兴起罢了。兴致来了就追求，兴致消退了就停止。孟子对齐宣王说："大王您如果特别喜欢音乐，您就会与民同乐，齐国很快就会治理好了！"我看科第功名也是这样。

"王之好乐甚，齐其庶几乎！"是《孟子·梁惠王下》中的一句话。齐宣王说他喜好音乐，孟子就论证说：国王只有与民同乐，自己才能获得真正的快乐；如果齐王能够与民同乐，全国上下一心，那么齐国很快就会民富国强，称王于天下。了凡先生借孟子与齐宣王的故事说明了一个道理：一个人如果想要改变自己的命运，就要有广阔的胸怀，改变命运的出发点不应该是获得个人的荣华富贵，而应该是国家富强、人民安乐，这样立下大志，锲而不舍，才能够成功。

改变命运是人生最壮丽的事业，我们一定要全力以赴，百折不挠，贯彻始终。所谓诚则灵，专则精，锲而不舍，金石为开，人哪，当自助！

了凡先生的一部《了凡四训》留给了后人巨大的财富：

有志者事竟成，无志者瞎忙乎；

有志者立长志，无志者常立志；

有志者利国民，无志者利自己；

有志者改命运，无志者死宿命。

人们总是希望能够"心想事成"，也常用这个词做祝福语。但是，怎样才能"心想事成"呢？

先说"心想"。心是人生的驱动力量，因此，心里想什么自然是很重要的。很多人会说："当然在想自己的好事了。"那么，我们的好事是由什么决定的呢？是由我们对别人的好、对别人的善来决定的，这是第一个关键点。第二个关键点是：我们不能带着自己的功利心去对别人好、对别人善，也就是心要纯正。

再说"事成"。如果我们用纯正的心对别人好，能不能马上实现自己的目标呢？一般而言，小一点的目标实现得就快一些，而大一点的目标就需要比较长的时间。在这段比较长的时间中，我们面临着考验：能否始终如一地对别人好，而不会产生功利心？很多人因为心思不纯正，所以经受不住这种考验。若是通过了考验，"事成"了，你会怎么做呢？有的人一旦事成了，就不再对别人好，甚至表现出得意和傲慢的状态。

要想心想事成，关键有两点：一是真心对别人好，而不是与别人做交易，通过对别人好来让自己获利；二是要做到始终如一，不论事成与否，都不中断对别人的好，保持真诚与谦卑。说得再简单一点，就是把持续对别人好当成自己的信仰，仅此一念，始终如一。

我学习与践行《了凡四训》的历程

近二十年来，我自己走的也是改命、造命的人生历程。我读了无数遍《了凡四训》，每一次读，领悟都会有所加深，也吸收到了越来越多的能量。学习是为了实践，实践是为了验证和提高。学习《了凡四训》，就要践行《了凡四训》告诉我们的智慧和美德。下面是我学习圣贤智慧、改变自己命运的一些经历与感受，与各位朋友分享。

降　生

母亲生我时，已是高龄产妇。奶奶盼孙子望眼欲穿，我的到来给奶奶和父母带来了巨大的惊喜。于是，奶奶给我取了个小名，叫"可心"。从此，我就成了"娇子"——在母亲和奶奶双重的温情娇惯下长大。因为被娇惯，我年幼时反而身体羸弱，好在有父亲的严厉监督，学习还能让家人放心。

门　联

我开始学习识字时，家里翻盖门楼，两边留下用水泥抹平的空间，父亲找人在两边分别刻下四个字：胸怀祖国，放眼世界。这就是我最早学习的八个字。当时我没想到，这八个字，竟然成了我一生的根基与方向。

熏　染

像奶奶与母亲一样，善良成了我做人的底色。我小的时候，大家的日子都不好过，遇到灾荒就会有人出门乞讨。有人上门乞讨时，奶奶总是说："别给人家吃剩下的。"后来我长大了一些，就问奶奶为何那么说，奶奶说："要饭的都是菩萨。"我不解："他们穿得破破烂烂，还是菩萨？"奶奶说："他们都是打扮过的，是来看看我们对菩萨是否真心。"母亲帮人做衣服贴补家用，经常有穷困的人拿块布料来，可舍不得付钱，就拿些吃用的东西当作工钱，母亲也从来不计较。尤其是过年前的那段时间，一些孤寡也想让衣服见见新，但又没钱买新的，于是软磨硬泡，让母亲给他们的旧衣服翻新，母亲也都会帮忙。在我的记忆中，母亲从来没跟人吵过架，从不说别人的坏话，只给人帮忙。我的父亲可谓是个多面手，不管做什么工作，都能做到最好。他会做衣服，会做农活，也是当地铸造工厂受人尊敬的师傅；他还会给人看病，用祖传的"鬼门十三针"和一些药方治好了许多人的病。我听父亲说过，他十几岁时就在天津的三条石当学徒，在革命思想影响下，一直在为工人的利益而与资本家打交道和做斗争，再后来父亲到潍坊工作，还做了工会主席。我小的时候曾经受到其他孩子的歧视，父亲对我说："身正不怕影子斜，难道还不相信自己？"

大　学

1978年，也就是在国家恢复高考后，我考上了哈尔滨医科大学。我第一次一个人出远门，再没有人娇惯我了，我在无助中挣扎了一年多，然后就开始野蛮生长——我学会了打架，感受到了生命外放的一种状态。当然，我也知道打架是不好的，所以后来就把那种张力转移到学习和参加班级活动上了。上大学期间，我是班里年龄最小的几个学生之一，得到了同学不少的照顾，老师们无条件地、不遗余力地辅导我，让我知道了人生的一些深奥的道理，以至于若干年后，我成了老师们最自豪的"作品"。

探　命

那时，考上大学是一件很不容易的事，考上大学的人会被视作天之骄子。令我没想到的是，我考上了大学，在大学期间学习了很多专业知识，心理却出了严重的问题。现在想来，应该就是患了抑郁症。后来，基础医学部主任徐维廉教授从北京请来两位心理学教授——王孝道教授和刘成杰教授，二位先生为我们做了一周的心理学讲座，每天晚饭后，六百个座位的阶梯教室座无虚席，我占不到座位，只能自己拿着坐垫坐在讲台旁边，如饥似渴地吸收老师传授的智慧。听完两位教授的讲座，我的心理问题得到了很大的缓解。后来，我又得到了很多老师的帮助，抓住了一个个机会，取得了很多成绩与进步，于是开始得意，渐渐地就把持不住自己了。于是，在1987年至1988年间，我陷入了痛苦的煎熬之中。我受人指点，开始学习国学，从此开启了我与祖宗和圣贤智慧结缘的新的人生。

蜕　变

在只有知识、只知奋斗却不知如何做人的那段时间，我感觉自己平时的表现还比较正常，可一旦遇到特殊情况，自己的一切都仿佛被生命中一种野性的力量控制了。随着学习的深入与功力的增加，圣贤的智慧帮助我逐渐战胜了兽性的力量，我发现自己产生了很大的变化：不再放纵自己，而是能够控制自己的欲望；不再以自我为中心，而是能够时时替别人着想；不再不加节制地发脾气，而是遇事时能够让自己保持冷静；不再骄傲自满，而是能够不断地实现自我突破；不再遇事总是指责别人，而是学会自我反省；不再过于看重名利，而是专心于使命、责任；不再怨恨别人的责难与坑害，而是感激那些特殊的历练与教化；不再用"点式思维"思考问题，而是一点点进步到线性、非线性、局面、时空的思维；不再夸夸其谈，而是表达严谨、自如、严肃而幽默……我体会到了"上善若水""反者道之动""玄之又玄"的老子智慧的美妙，"质胜文则野，文胜质则史。文质彬彬，然后君子"的君子性格，"无善无恶心之体"的玄妙……我一次次在圣贤伟人的生命实践中感悟波澜壮阔的人生画卷，在谦卑学习中感受自己的突破，在自我奉献的使命感与责任感中感受心灵的宁静与激情的燃烧。

一个甲子的人生，好像刚刚活完自己的前世，刚刚将生命的程序安装完成，还在不断升级、更新，基本人生的程序刚刚能够运转自如。

使　命

使命使命，人应如何使用自己的生命呢？

一心为自己，处处算计别人的人，此生一定是孤苦的命。因为所有的自私和心计，都终会被别人看穿。

若是缺乏自省精神，总觉得是别人错了而不是自己错了，就开启不了改过的进程，也不会心甘情愿地对别人好。这样的人，就是拿着自己的命跟所有的人和事过不去。不跟自己较劲，总跟别人对抗，这样使用自己生命的人，最终会是什么命呢？正如百姓们常说的："人没有累死的，只有气死的。"

我上大学的时候，曾跟着老师去做司法鉴定，接触过各种各样的犯罪事例，这构成了对我一生最重要的教育：人这辈子不管因为什么，都不能去犯罪，否则不仅会伤害别人，还会祸害全家乃至于后代。

我人生最重要的转折点，就是积极要求进步，加入了中国共产党，在党旗下宣了誓。从此，我的生命一直指向一个伟大而神圣的方向，那就是为了国家和人民而奋斗——我真切地感受到了自己的生命重新定位后带给自己的喜悦。也许，一个平凡的人只有将自己的生命与一个伟大的理想联系在一起时，才能真正地超越平庸和痛苦。这样的感受，如人饮水，冷暖自知。

使命使命，百年人生中如何使用自己的生命，这对于每个人来说都是一个极其重要的课题。若是选对了，就会让自己更加强大和快乐；若是选错了，就会让自己陷入痛苦的深渊。

感　恩

这些年，我学习了近十个学科的专业知识，又用了至今一半的生命游历在中华文化智慧的汪洋大海之中。我深切地感受到"科学+国学""学习+实践""清空+遨游""自胜、不争、无为"的美妙！感恩圣贤祖宗、伟人领袖、英雄豪杰带我进入了巨大的生命空间，让我可以没有时间感地去领悟高妙的智慧之光。感恩一众陪伴者、陪练者的付出，是你们一次次帮我打开我并不知晓的人生之窍，一次次感受光芒照进心田的温暖。

立命、改过、积善、谦德，从白纸一张到野性兽性，再到时而小人又时而君子，最终直奔圣贤，这样一个命运的逻辑让我受益，让我重生。感谢了凡先生的智慧指引。我倾尽全力接过圣贤的智慧之棒，拯救自己、造福他人，让中华文化的文明之光照耀世界。

　　祝福所有有缘的朋友们，让我们从《了凡四训》这部中华文化的"命运学"中领悟人生命运的规律，掌握人生命运的智慧，在百年的人生中，主宰自己的命运，创造越来越美好的人生！